网络与新媒体传播核心教材系列

丛书主编 尹明华 刘海贵

互联网与全球传播：理论与案例

沈国麟 等著

复旦大学出版社

丛书序

尹明华　刘海贵

互联网对新闻传播业的影响之深、之大、之广,我们有目共睹。不仅业界深感忧虑,学界亦坐立不安。互联网的迅猛发展甚至引发了国家层面的系列行动,如互联网＋战略、工业4.0计划等,旨在在新的环境中谋求长治久安之道。

就新闻传播教育来说,2011年教育部开始启动新的专业建设,如网络与新媒体专业、数字出版专业等,短短五六年,前者已经超过百家。

然而,招生容易,培养不易。从全国范围看,新的专业面临着三难:课程不成体系、教材严重滞后和师资非常匮乏。以复旦大学新闻学院为例,近几年来,通过充实教师队伍、兴建新媒体实验室、资助新的研究项目等手段,尽管情况有所改善,但面对快速变化的网络和新媒体实践,仍然有些力不从心。

如何破解互联网所带来的冲击?面对这一时代命题,作为教育战线工作者,我们认为,以教材优化驱动课程升级,以课程升级带动教学改革,应该是一条良策。基于这一设想,我们推出了"网络与新媒体传播核心教材系列"丛书。

经过审慎细致的思考和评估,这套教材的编写遵循四个原则。

第一,系统性。表现在两个方面:一方面,整个系列既包括理论和方法教材,也包括业务操作教材,兼顾业界新变化;另一方面,每种教材尽量提供完整的知识体系,摒弃碎片化、非结构化的知识罗列。

第二,开放性。纸质教材的一大不足就是封闭化的知识结构,难以应对快速发展的网络与新媒体实践。为此,在设计教材目录之时,将新的现象、新的变化以议题的方式列入其中,行文则留有余地,同时配以资料链接,方便延伸阅读。

第三,实践性。网络世界瞬息万变,本系列尽量以稳定和成熟的观点为主,同时撷取鲜活、典型的案例,以贴近网络与新媒体一线。

第四,丰富性。从纸质教材到课堂教学,是完全不同的任务。为方便教师授课,每本教材配套有教材课件、案例材料和延伸材料。

万事开头难,编著一套而且是首套面向全国的网络与新媒体教材丛书,任务艰巨,挑战很大。但是,作为全国历史最悠久的新闻学院之一,我们又有一种使命感,总要有人牵头来做这件事情,为身处巨变之中的新闻传播教育提供一种可能。这种责任感承续自我们的前辈。

早在1985年,复旦大学新闻学系(新闻学院前身)就在系主任徐震教授的带领下,以教研组的名义编写出版了一套新闻教材,对于重建新闻传播教学体系影响深远,其中的一些品种在经历了数次修订后,已经成为畅销不衰的经典教材。

参加编写这套网络与新媒体核心教材系列丛书的人员,来自复旦大学新闻学院的10位教授、3位副教授等,秉承同样的传统和理念,他们尽己所能为新时期的新闻传播教育贡献智慧。我们不敢奢望存世经典,只期待抛砖引玉,让更多的专家、学者参与其中,为处于不确定中的新闻业探索未来提供更明晰的思考。

目 录

案例目录 …………………………………………………………… 1

前 言 ……………………………………………………………… 1

第一章 全球传播中的互联网 …………………………………… 1
 第一节 全球传播：概念和主题 ……………………………… 1
 第二节 全球传播的互联网时代 ……………………………… 5
 第三节 全球数字鸿沟 ………………………………………… 12

第二章 互联网与全球新闻传播 ………………………………… 18
 第一节 国际新闻的发展历程 ………………………………… 18
 第二节 互联网环境中的全球新闻特征 ……………………… 21
 第三节 互联网环境下全球媒体机构的革新 ………………… 28

第三章 互联网与国家形象 ……………………………………… 36
 第一节 互联网时代下的国家形象塑造 ……………………… 36
 第二节 互联网时代的公共外交 ……………………………… 47

第四章 互联网经济与全球传播 ………………………………… 56
 第一节 互联网对全球经济的宏观影响 ……………………… 57
 第二节 互联网经济新形态 …………………………………… 61
 第三节 跨国公司互联网营销 ………………………………… 69

第五章　互联网与全球社会运动 ·············· 77
  第一节　互联网与全球公民社会 ·············· 77
  第二节　互联网环境中全球运动的特点 ········· 83
  第三节　互联网与全球恐怖主义 ·············· 91

第六章　互联网与跨文化传播 ················ 98
  第一节　互联网环境中的跨文化符号 ··········· 98
  第二节　互联网环境中的个人与群体 ··········· 103
  第三节　互联网环境中跨文化传播的特点 ······· 111

第七章　互联网与全球健康传播 ·············· 116
  第一节　全球化背景下的健康传播 ············· 116
  第二节　互联网时代全球健康传播的特点 ······· 118
  第三节　全球健康传播模式的发展与变迁 ······· 124

第八章　互联网与全球环境传播 ·············· 132
  第一节　全球化环境下的环境传播 ············· 132
  第二节　互联网时代全球环境传播的特点 ······· 135

第九章　全球网络信息安全与治理 ············ 144
  第一节　互联网时代的数据主权 ·············· 144
  第二节　互联网环境中的信息安全 ············· 151
  第三节　各国对网络空间安全的维护 ··········· 157
  第四节　全球网络治理新秩序 ················ 165

参考文献 ································ 175

案例目录

案例 2-1：英国《卫报》 ················· 30
案例 2-2：《赫芬顿邮报》 ················ 31
案例 2-3：Facebook 的新闻策略 ············ 33
案例 3-1：英国前首相卡梅伦开通新浪微博 ······· 42
案例 3-2：中国"十三五"宣传神曲 ············ 43
案例 3-3：大堡礁"世界上最好的工作" ·········· 45
案例 3-4：美国社交媒体外交的运行机制 ········· 50
案例 4-1：阿里巴巴 ···················· 64
案例 4-2：PayPal ····················· 68
案例 4-3：Uber 在中国的营销 ·············· 71
案例 4-4：星巴克在全球的互联网营销 ·········· 73
案例 5-1：伦敦骚乱 ···················· 80
案例 5-2：占领华尔街 ··················· 84
案例 5-3：乌克兰女权运动 ················ 86
案例 5-4：乌克兰危机 ··················· 88
案例 5-5："伊斯兰国"(ISIS)的网络招募 ········ 95
案例 6-1：维基百科 ···················· 100
案例 6-2：全球在线教育 ·················· 102
案例 6-3：弹幕文化 ···················· 106
案例 6-4：《疯狂动物城》的全球传播 ··········· 109
案例 6-5：Netflix 基于数据分析的文化产品 ······ 113
案例 7-1：谷歌流感趋势 ·················· 123

案例7-2：ALS冰桶挑战 …………………………………………… 126
案例7-3：埃博拉病毒防治的全球传播 …………………………… 128
案例8-1："世界地球日"的环境传播 ……………………………… 134
案例8-2：环保博客 ………………………………………………… 136
案例8-3：绿色和平组织的互联网全球传播 ……………………… 139
案例8-4："地球一小时"全球环保运动 …………………………… 141
案例9-1：斯诺登披露美国政府"棱镜计划" ……………………… 155

前　言

2017年3月21日,爱彼迎(Airbnb)公司联合创始人兼CEO布莱恩·切斯基(Brian Chesky)来到中国,并发表了他在中国的首个公开演讲。在演讲中,他分享了自己的创业故事,并且重点介绍了爱彼迎这个网站所代表的分享经济模式。这个全球互联网旅行平台目前在全球191个国家和地区超过6.5万座城市拥有300多万房源,在全球拥有用户超过1.5亿人。这些数字每周都在增长。这样的全球互联网平台能够让全世界尤其是"80后""90后"这一代旅行者,以全新而独特的方式体验世界各地的风土人情。

互联网刚刚普及的时候,新闻传播学界还在讨论互联网作为一种媒体如何如何,而如今,互联网已经不仅仅是传统媒体的一种扩展,而是全社会的基础设施。截至2016年,全球有73亿7700万手机用户,36亿5400万移动互联网活跃用户,47.5%的家庭拥有电脑,52.3%的家庭接入互联网,47.1%的人能上网①。现在我们很难想象去到一个没有电的地方,将来我们会难以想象去到一个没有互联网的城市。互联网为整个社会提供了一个操作系统,将来的人类如果不在这个操作系统里进行各种社会活动,将会变得寸步难行。

卡斯特用网络化社会来形容20世纪末21世纪初人类社会的结构性变化。互联网的发展也不断验证着他的这一观点。网络化社会不仅意味着人们交往工具的转型,更意味着整个社会结构的转型。信息与网络技术不仅被当作各行各业改革的工具使用,而且还影响了整个社会的权力分配。

---

① "ICT Facts and Figures 2016", http://www.itu.int/en/ITU-D/Statistics/Pages/stat/default.aspx, 2017-6-1.

随着互联网的不断普及，互联网也不断展现出它的全球性。网络社会是全球化的社会。最初以军事目的发展的网络一投入民用，就展现出巨大的商业价值。只有让更多的人接入网络，才能有更多的用户，才能有更大的商业价值——凭着这样的商业逻辑，互联网公司把互联网延伸到世界各个角落。互联网使得人们互相之间的交流和联结变得更加容易。原先的国际传播主要指的是国家与国家之间的信息传播，但在互联网时代，国际传播被全球传播所替代，个人、非政府组织、跨国企业等正在突破国界限制，构成了全球传播的图景。

在这里要提醒读者，虽然本书以互联网为研究对象，但也并不认为互联网改变了一切。卡斯特本人也说："不要轻易变得乐观或者悲观，一次真正的政治生活的巨变并没有显示出来。网络还远没有普及，而使用者中也只有一小部分做着一些看起来似乎和公共领域有关的事。……社会是一个复杂系统，充满了各种因果互动，以出人意料的方式塑造和扭曲技术的用途。所以，仅仅因为出现了一种新的传播技术，哪怕像互联网这样具有革命性的新技术，我们也不能轻易地得出结论，认为一切都将改变。"[1]全球依然有许多人吃不上饭，上不了学，日均消费在1.9美元[2]以下。数字鸿沟把一部分人阻挡在了互联网之外。

本书聚焦互联网与全球传播的关系，一共分为九章。第一章探讨全球传播的概念和主题，展现互联网对全球传播和网络化社会的影响，关注技术发展的不平衡导致的全球数字鸿沟。

第二章关注在新闻传播日益全球化的时代语境下，互联网对全球新闻传播产生的影响，探究全球的新闻机构面对互联网的挑战采取了怎样的策略，以及这些策略和变化给全球新闻传播带来了怎样的影响。

第三章讨论互联网时代下的国家形象塑造，阐述国家形象的内涵和适用范围，展现传统媒体时代国家形象传播与传统媒体之间的关系，比较国家形象传播在传统媒体和网络新媒体上的差别，并探讨互联网时代的公共外交，详细分析社交媒体时代的公共外交形态和特征。

---

[1] [西]曼纽尔·卡斯特、马汀·殷斯：《对话卡斯特》，徐培喜译，社会科学文献出版社2015年版，第31页。

[2] 世界银行的国际贫困标准。

第四章探讨互联网对全球经济的宏观影响,包括信息产业对全球知识社会产生了怎样的影响,互联网与全球数据流、资金流和物流之间的关系,描述互联网经济的新形态,介绍跨国公司是如何在互联网上进行全球营销的。

第五章论述互联网与全球公民社会的关系,总结互联网环境中全球运动的特点,系统地梳理网络黑客和跨国恐怖主义组织如何运用互联网来传播其理念、招募志愿者,甚至在全球推动危险的政策议程。

第六章讨论互联网环境中的跨文化符号,探讨互联网环境中的个人与群体,描述互联网环境中跨文化传播呈现出的新特点。

第七章介绍全球化背景下的健康传播,探讨互联网环境中全球健康传播呈现出的特点,展示互联网推动全球健康传播模式的变革。

第八章探讨环境传播是如何在全球化背景下兴起的,互联网时代下全球环境传播的特点,总结在互联网环境中环境传播是如何发生并产生全球影响的。

第九章关注互联网时代的数据主权问题,探讨互联网时代下信息安全的新特征,从政治、经济、军事、文化四个方面展现互联网信息安全的表现形式,叙述各国维护信息安全的法律政策,展现各国对互联网信息安全的重视和努力,最后,提出全球网络治理新秩序的理想图景。

与其他探讨国际传播的书籍不同的是,本书所关注的议题更广,并且力求以平实易懂的语言帮助读者全面把握互联网出现后全球传播方方面面的变化。另外,本书在行文中还配备了几十个案例,便于读者更好地理解本书所要探讨的议题。

本书是团队合作的结果。沈国麟负责全书的筹划组织、框架拟定和文字润色。各章的作者依次为:第一章(沈国麟)、第二章(邹烨)、第三章(沈国麟、马绍炎、巩辰卓)、第四章(刘妮)、第五章(张畅)、第六章(王媛媛)、第七章(彭珅)、第八章(沈国麟、彭珅)、第九章(沈国麟、马绍炎)。

第一章

全球传播中的互联网

网络化社会是一个全球化的社会。互联网技术不仅为全球传播提供了技术保障,更重要的是赋予了每个人全球传播的能力和从世界各地接收信息的可能。互联网使得全球形成了一个信息传播交换的网络,让"地球村"变成现实。

本章首先探讨全球传播的概念和主题;其次探讨互联网对全球传播和网络化社会的影响;最后,本章关注技术发展的不平衡导致的全球数字鸿沟。

第一节 全球传播:概念和主题

一、从国际传播到全球传播

全球传播(global communication)指在全球范围内多种主体,如政府、媒体、企业、社会组织和个人等参与的信息传播行为和过程。美国学者霍华德·H.弗雷德里克(Howard H. Frederick)在1993年提出了全球传播这一概念:"过去几十年,我们一直称国际传播,其定义本身就把民族国家放到了很高的位置,但'全球传播'则涵盖了地球上所有的信息通道。"[①] 全球传

---

① Howard H. Frederick, *Global Communication and International Relations*, Wadsworth Publishing Company, 1993, p.270.

播不同于国际传播（international communication），它的内涵比国际传播更广大。从发展传播学到媒介帝国主义，国际传播学都是以民族国家为分析单位。国际传播学者不管是关注发达国家对于发展中国家的传播技术输出，帮助发展中国家致力于国家发展，还是关注西方发达国家利用传播技术，建立自己的文化和传播霸权，其根本还是关注国与国之间的关系，强调一个国家（或一些国家）对另一个国家（一些国家）的影响。但在全球传播中，民族国家不是唯一的分析单位。除了国家（政府）之外，个人、企业、国际组织等都成为传播主体，而且把全球视为整体的信息生产、传播和消费的场域。与国际传播相比，全球传播更能涵盖所有信息通道，而且国内与国外的传播界限也将趋于模糊。

全球传播在全球化的背景下出现。全球化是伴随着人类社会发展而出现的现象和过程，指的是人类的全球联系不断增强、人类的相互依存度不断增大，特别是资本主义在西欧的出现，以致资本在全球扩张，推动了全球市场的形成。20世纪90年代以来，随着交通、通信技术的不断革新，人类的政治、经济、社会和文化在全球规模的基础上相互联结和革新发展，全球化业已成为各国所重视的对象，也成为各个学科研究的热门名词。关于全球化的论述自20世纪90年代开始，逐渐成为西方学界乃至国际学界的"显学"。全球化被描述为全球范围内相互作用和相互依赖的强化①。这种强化在国际政治、国内政治、经济、金融、贸易、社会、文化等各个领域都是可见的。归纳而言，全球化意味着远距离的联系、互相依赖的升级、边界消失的世界、全球整合、地区间权力的重新调整、全球条件的觉醒和国际权力关系的加强②。全球化是多维度的，它是社会现实的一种描述，是建构社会事实的一种话语，也是社会变化过程的一种解释，甚至是社会进步的一种价值观。

---

① Giddens, A., *The Consequences of Modernity*, Cambridge: Polity, 1990; Thompson, J. B., *The Media and Modernity*, Cambridge: Polity, 1995; Robertson, R., *Globalization: Social Theory and Global Culture*, London: Sage, 1992; Albrow, M., *The Global Age*, Cambridge: Polity, 1996.

② David Held & Anthony McGrew, *The Global Transformations Reader: An Introduction to the Globalization Debate. Second Edition*, Cambridge: Polity, 2000. p. 3.

全球化再造了人类的信息传播，而新的信息传播技术又推动了全球化的过程。与以往的国际传播相比，全球传播有以下几个特征：

1. 传播技术具有全球性

新的信息技术如卫星电视和互联网的发展，不管在空间的广度，还是在时间的速度上都远远超过传统的传播技术。在互联网时代，在家里轻触鼠标就能够与天涯海角的朋友交流，这是20世纪90年代以前的传播时代不可想象的。

2. 跨国传媒集团的出现使得信息产品在全球得以传播

20世纪90年代以后，出现了一大批跨国传媒集团，如时代华纳、新闻集团等。到了互联网时代，又出现了一批跨国信息科技集团，如亚马逊、谷歌公司等。这样的跨国集团加速在全世界的资产布局，使得信息产品在全世界范围内进行生产、销售和发行。

3. 全球传播的参与主体越来越多元化

在国际传播时代，跨国间的信息交流主体还是各国政府。政府希望通过各种传播手段，向国际受众表达自己的外交意图，影响国际社会对自己的看法。而在全球传播时代，企业、跨国媒体、社会组织和个人都不同程度地参与到全球化的过程中来，这些主体都可以运用便捷的传播手段进行跨国信息交流，使得全球传播比国际传播更加多元复杂。

全球化具有多种维度和多种动因，是一个既同一又混杂的社会过程。这也恰恰是全球传播的特点。国家依然是全球传播的重要单位，但相比于国际传播，全球传播中的国家有了更多的内涵和外延。在全球传播时代，国与国之间的信息交流不完全由国家政府所掌控，信息的流动更加复杂，具有更多的不确定性。

二、全球传播的主题

全球传播的主体和过程比国际传播更加复杂，因此我们需要重新审视全球传播中的各种主题。

1. 全球传播中的新闻生产

在全球传播时代，越来越多的新闻媒体被跨国传媒集团所垄断，新闻传播的主体也越来越多样化。在这样的背景下,全球传播关注全球新闻生产所出现的新变化和新挑战。

2. 全球传播中的国家形象

国际传播中的国家形象主要由政府来打造,政府通过所属媒体向外传递信息,在国际社会中塑造本国的良好形象。而在全球传播中,除了政府、企业、社会组织和个人在信息交流中其实也传递了国家形象的信息。国家形象在全球传播中的塑造过程和特征究竟是怎么样的——这是全球传播的一大主题。

3. 全球传播中的信息产业

全球传播加速了信息流,同时也催生了全球信息产业。全球传播关注在全球化的条件下,信息产业是如何在全球进行生产、销售、营销和分配的,这个过程反过来又如何影响全球传播。

4. 全球传播中的社会运动

在全球传播时代,一国的社会运动很可能升级为一场全球运动,甚至一个社会运动从酝酿开始就是全球性的。全球传播关注在全球化条件下,传播在社会运动的发生、扩散和流变中起到了什么样的作用。

5. 全球跨文化传播

跨文化传播从微观个体到中观社群,再到宏观的政治经济因素,在全球传播的环境下均发生了改变。传统的以民族国家为跨文化传播主体的局面正在被改变,全球传播关注在全球化的条件下,跨文化传播呈现出什么样的新特点和新模式。

6. 全球健康传播

健康已经成为一项全球议题,健康传播也经历了全球化的过程。全球传播关注在全球化条件下,健康传播呈现出什么样的新特点和新模式。

7. 全球环境传播

随着全球环境危机越发频繁出现,环境问题日益紧迫,提高人们的环境意识并促进行动成为全球事务中最为重要的议题之一。全球传播关注在全球化下,环境传播呈现出的新特点和新模式。

8. 全球传播中的信息安全

信息安全是国际传播的重要主题。在全球传播的条件下,随着信息流动越来越频繁和复杂,安全问题也变得越来越难以控制。全球传播关注全球化下信息安全呈现出的新特点和新模式,并且应该采取什么样的措施来应对新问题。

第二节 全球传播的互联网时代

新技术的发展使得传播媒体走到全球化的中心舞台上。30 年前,有线电视引发了传播领域的变革;20 年前,通讯卫星带来了同样的革新;近 10 年来,互联网与其他新技术的融合所引发的则是大规模的媒介空间重构①。传播技术的发展使得信息传播与国界越来越不相关,信息可以堂而皇之地穿越边界。互联网和全球化是互相促进、互相造就的。互联网从诞生之初就具备全球化的特征。互联网在地方和全球两极所发生变迁的过程中,把个人同全球系统联结在了一起。

一、互联网与全球信息传播

互联网本质是连接,把个人、信息、地区、全球、观念连接起来,并且促进互相之间的交流。与以往人类的传播工具相比较,互联网的出现是革命性的,因为它不再是单向的、由少数人向多数人的传播,而是容纳了各种各样的传播方式。在互联网上既有人际传播,也有组织传播、大众传播,生产、获得和传播信息的方式同以往有了较大的改变。

1. 信息传播的速度和数量大大提高

在传统媒体为主要传播平台的环境下,信息的传播有一定的时间滞后性;在互联网时代,特别是移动互联网时代,一则新闻可以在刹那间由个体扩散到全球,而且信息量几何级地增长。在最初的发展阶段,互联网的主要作用是信息的传播和分享,主要组织形式是建立网站。进入 Web 2.0 时代

---

① [美]门罗·E·普莱斯:《媒介与主权》,麻争旗等译,中国传媒大学出版社 2008 年版,第 5 页。

之后，互联网开始成为人们实时互动、交流的载体，并且带来了更快的传播速度和更低的传播成本。2011年8月23日，美国弗吉尼亚州发生5.9级地震，纽约市居民首先在Twitter上看到这则消息，几秒钟之后，才感觉到地震波从震中传过来的震感，社交媒体把人类信息传播的速度，带到了比地震波还快的时代①。2012年，乔治敦大学的教授李塔鲁（Kalev Leetaru）考察了Twitter上产生的数据量，他做出估算说，过去50年，《纽约时报》总共产生了30亿个单词的信息量；现在仅仅一天，Twitter上就产生了80亿个单词的信息量。也就是说，如今一天产生的数据总量相当于《纽约时报》100多年产生的数据总量②。

2. 互联网赋予了个人传播的权力

互联网消解了传统媒体采写新闻的专业性，使得传播新闻不再是传统媒体的特权。传播者不再局限于新闻机构的专业人员。各种组织和个人都可以参与到信息传播的过程中。从最早的门户网站，到后来的博客主、公民记者，再到后来的社交媒体个人账户，一条新闻可以不经过专业化的加工和编辑迅速传播开来，成为各大媒体的头条，并可能超越国界，成为世界注目的焦点。

3. 互联网传播多媒体文本

报纸主要传播文字和图像，广播主要传播声音，电视主要传播声音和图像，而互联网可以传播文字、图像、声音、动画等多种形式的多媒体文本。这种多媒体文本是可以用各种方式组合、排列和显现信息的系统，集中了传统媒体信息传播形式的各种优点。

4. 互联网再造了传播渠道和终端

在互联网时代，传统媒体的商业模式已经被彻底颠覆。报纸、广播、电视的广告逐年下滑，以至于传统媒体都难以维持生计。从最早的门户网站开始，到后来的搜索引擎，再到社交媒体，互联网媒体在一步一步地蚕食传统媒体的市场。信息传播工具已经泛媒介化。

5. 互联网促进信息的协同生产和传播

互联网精神促使了更大的分享，这种分享使得每个人都可以成为作者。

---

① 涂子沛：《数据之巅：大数据革命，历史、现实与未来》，中信出版社2014年版，第264页。

② 同上书，第265页。

"众包"是美国的两位记者在2005年发明的新词,意思是利用互联网将工作打包分配出去,其关键在于分包时并不知道接包人是谁,这正是"众包"区别于"外包"的地方,更有意思的是,接包人的目的可能并不是为了报酬,而是为了公益、兴趣,或者寻求一种帮助他人的满足感①。众包是通过互联网在全球范围内利用、整合分散的、闲置的、廉价的劳动力、技能和兴趣等资源,为软件业和服务业提供一种新的劳动力组织方式②。在互联网时代,信息的生产和传播也形成了众包模式。利努斯·托瓦茨(Linus Torvalds)发明了Linux操作系统就体现了这样的精神。Linux操作系统诞生于1991年10月,是一个基于POSIX和UNIX的多用户、多任务、支持多线程和多CPU的操作系统。这个操作系统安全可靠,挑战了微软Windows操作系统的垄断地位。更可贵的是,托瓦茨开放了软件源代码,使得Linux真正成为一套免费使用和自由传播的操作系统。这样一个多用户网络操作系统体现了互联网分享协作的思想。

6. 互联网影响了人与人的交往方式

在互联网之前的社会,人们通过熟人介绍或者通过传统媒体的传播认识新的朋友,而在互联网时代,人们可以通过社交媒体交到新的朋友,认识陌生人;在互联网之前的社会,人们通过电话、传真和写信沟通,而在互联网时代,人们可以通过电子邮件、网络聊天、社交媒体等与他人进行联络。每一个社交媒体账户都是网络中社会交往的一个节点。网络聊天工具的发展使得人们可以在一个个节点上认识新的朋友,并与老朋友保持联系。互联网重塑了朋友圈,改变了交流方式。在人们应用互联网连接世界时,实际上也重塑了人们与世界接触的方式③。

7. 互联网构建了网络社区

想法相同的人们现在拥有了找到对方、聚集起来并互相合作的能力。互联网上由用户分享的信息、图片和视频比传统媒体和机构的照片更快、更

---

① 涂子沛:《数据之巅:大数据革命,历史、现实与未来》,中信出版社2014年版,第282页。
② 同上书,第284页。
③ [美]格雷厄姆、[美]达顿:《另一个地球:互联网+社会》,胡泳、徐嫩羽、于双燕、胡晓娅译,电子工业出版社2015年版,第XXVI页。

多、更全。社交媒体提供了聚合和分享的平台,没有主动组织,没有报酬支付,管理成本极低,用户自己在社交媒体上自我组织——共享、合作乃至集体行动。这种非机构性群体已经对传统组织形成了重大挑战。技术的作用在于通过消除信息的地方局限和集体性反应所面临的壁垒这两大障碍,从而改变公众反应的范围、力度,尤其是持续的时间。互联网使得形成跨国界的网络社区成为可能。

二、互联网与全球网络社会

信息时代究竟给人类社会带来了什么样的影响?曼纽尔·卡斯特给出了网络化社会的答案:"信息化社会,意即知识生产、经济生产力、政治—军事权力以及媒体传播的核心过程,都已经被信息化范式所深深转化,并且连接上依此逻辑运作的财富、权力与象征的全球网络。""信息时代的特征正在于网络社会,它以全球经济为力量,彻底动摇了以固定空间领域为基础的民族国家或所有组织的既有形式。"① 在卡斯特看来,传统观念认为社会是层层叠加的,技术和经济是基础,再上面是权力,文化和意识形态则在最上层,但网络社会把这种等级结构打破了。

互联网作为现代信息技术的重要代表,是信息化社会的重要工具。互联网打破了工业化社会的垂直结构。以互联网技术支撑影响的网络化社会是扁平和开放的,这种变化引起的竞争不再是国与国的问题,而是企业之间、社会组织之间、个体之间的问题。而这些恰恰也是全球传播的主体。

以互联网为代表的信息技术促成了网络社会的全球化。这样的网络社会具有以下几个特征:

第一,全球网络社会不是一个实质性的地方,而是去中心化的网络空间,有一个一个的节点,节点与节点之间的联系和互动构成了这种全球网络。

第二,节点与节点之间的联系和互动有其内在的逻辑,这种逻辑和现实

---

① [西]曼纽尔·卡斯特:《网络社会的崛起》,夏铸九、王志弘等译,社会科学文献出版社2003年版,第24、3页。

的政治经济文化逻辑有联系但并不完全相同,且具有不确定性。

第三,节点与节点之间依然有权力关系,而且,这种权力是随着时间和空间的变换而流动的。在互联网时代,依然有"中心—边缘"的结构,只是这种"中心—边缘"的结构和状态相较过去更加易变和复杂。

第四,全球网络社会并不包含所有的个人、群体和地区。互联网与全球化互相依存、互相发展,那些游离在互联网和全球化之外的个人、群体和地区,依然处于全球网络社会之外,会更加的孤独和边缘化。

三、互联网对全球传播的影响

20世纪90年代,学者们讨论全球传播还只是涉及全球广播电视网和全球传媒集团,而到了21世纪,全球传播的讨论集中在互联网上。互联网模糊了大众传播与个人传播之间的界限,使得个人信息和公众信息更为快速和方便地在国家间传播。互联网时代的到来也使得全球传播的各个主体再一次获得传播的空间,提升了传播能力。

互联网解放了个体的传播力,个人通过自身的互联网传播行为参与到全球传播中。例如,互联网可以帮助个人进行跨国界求救。1994年清华大学化学系女生朱令出现奇怪的中毒症状。1995年随着朱令的病情恶化,此事引起了许多人的关心和同情。1995年4月10日,朱令的高中同学、北京大学力学系1992级学生贝志城、蔡全清等人将这种不明的病症翻译成英文,通过互联网向Usenet的sci. med及其他有关新闻组和Bitnet发出求救电子邮件,之后收到世界18个国家和地区超过3 000封回信,其中约三分之一的回复认为这是典型的铊中毒现象。为此,在美国加州的中国留学生还创建了UCLA朱令铊中毒远程诊断网,这是全球首次大规模利用互联网进行国际远程医疗的尝试。互联网把许多信息汇集到一起,提供了国际网络社区让大家一起讨论,帮助医疗专家更快地作出判断。一些国际组织还建立了国际求助网站,如Begslist、CyberBeg和DonateMoney2me等,来给那些需要帮助的人提供国际互联网平台。

互联网也为跨国公司在全球配置资源提供了更多的便利。在互联网出现之前,跨国公司通过卫星、电缆和光缆连接起来的国际网络传递有关生产计划、物资调配、人事安排、营销动态等方面的信息，以求合理配置生产要素和各种资源，在国际市场上取得最大的盈利。随着互联网的出现和网络的不断延伸，跨国公司的跨境数据资料流通数量激增，速度也大为加快①。这种电脑之间的、跨越国界的通信称为越境数据流。对于跨国公司来说，这种信息流动的畅通无阻是绝对重要的。服务提供商与客户不再需要位于同一地方。即使他们彼此相距遥远，甚至相隔半个世界，他们也能够通过电子邮件、传真和其他通信技术做生意。这些技术上的发展最终甚至使服务也成为贸易的对象②。国际电子商务的发展大大缩短了供应商和消费者之间的距离。

国际非政府组织也利用互联网开展跨国工作和国际活动。联合国难民署在2008年6月加入Facebook，借以呼吁人们关注难民，并通过社交网络的推广力开展救助活动和资金募集活动，而其发布在Youtube上的以亲善大使安吉利娜·朱莉的呼吁为内容的视频也受到大量关注，从而令难民署的相关诉求收到了良好的传播、推广效果。而在2009年年初蔓延全球的甲型H1N1流感爆发之际，联合国世界卫生组织(WHO)更是在其官方网站上挂出"请用Twitter关注我们的最新信息"的提示，向其11万跟随者发布即时的权威信息。这使得网民能够获得及时透明的官方信息，从而了解疫情的最新进展情况，避免陷入谣言的漩涡和惶恐不安的状态，也避免全球范围内出现新一轮的恐慌③。

在20世纪90年代，全球传播机构主要是那些国际广播电视网和国际传媒垄断集团；而在互联网时代，国际互联网巨头则成为全球传播的主要机构。Twitter、谷歌、YouTube、Facebook、阿里巴巴、腾讯等国际互联网公司在全球布局，使得全球传播与卫星电视时代相比有了许多改变。互联网对全球传播产生了以下几个重要影响：

1. 互联网再造全球时间和空间

全球网民有可能实现在同一时间对同一事件的交流与分享，为塑造全

---

① 李智：《全球传播学引论》，新华出版社2010年版，第106页。
② [美]叶海亚·R·伽摩利珀：《全球传播》，尹宏毅主译，清华大学出版社2008年版，第29页。
③ 马为公、罗青：《新媒体传播》，中国传媒大学出版社2011年版，第27页。

球性公共空间提供了可能性。接入互联网比收看国际卫星电视更加便宜和方便,而且网民可以主动传播信息和发表观点,而不只是接收电视信号、观看电视画面。在过去,跨国传媒集团控制和垄断了信息的生产、交换和分配,世界上大部分人每天都处在跨国传媒集团所传播的信息的包围之中,而互联网赋予了个人进行全球传播的能力。

2. 互联网时代的全球传播是平台的竞争

在国际卫星电视的时代,各个传媒公司向全球传播新闻和娱乐节目,主要还是产品的竞争。而在互联网时代,国际互联网巨头提供了一个又一个的交流平台,以吸引更多的全球网民登陆并参与信息的传播和观点的分享中。

3. 数据成为国际互联网公司竞争合作的重要资源

随着互联网的发展,网民在互联网上留下的足迹都是数据。"得数据者得天下",国际互联网公司都建有自己的数据中心和云处理装置,收集、开发数据成为国际互联网公司的重要能力,也是国际互联网公司的核心竞争力。

4. 国家权力依然对互联网在全世界的应用有重要影响

国家依然可以在信息跨国(境)流动方面施加影响力。国家可以关闭互联网的接口,组织互联网上特定内容的流动,还可以审查互联网跨国公司的资质,允许某些特定的互联网媒体或公司在国界内落户等。

互联网技术的普及应用改变了整个传播生态,整个媒介形态变了。如果说传统的大众媒介将公众看作原子化的大众(mass)和被动的信息接收者,那么互联网则为公民提供了成为内容生产者和观点输出者的平台。正如美国著名未来学家阿尔温·托夫勒所言:"它意味着工业文明的末日,展示着一个新的文明的正在兴起"①互联网改变了人们获取信息的方式,影响了人们社会交往的行为,同时也塑造了人们的生活方式。互联网所导致的是传播方式的革命,其影响是全球性的。

---

① [美]阿尔温·托夫勒:《第三次浪潮》,朱志炎等译,生活·读书·新知三联书店 1983 年版,第 43 页。

第三节　全球数字鸿沟

互联网使得人人都有机会参与到全球传播中来,但现实情况是,全球传播没有保证任何国家的任何公民都能够接入全球互联网,因为互联网在不同国家、不同地区、不同阶层中发展得并不平衡,并非所有人都搭上了信息社会的快车。全球范围内、同一个国家内都会因为政治经济社会发展的不平衡而产生数字鸿沟。

一、信息时代的贫富分化

数字鸿沟指的是一个在那些拥有数字技术的人以及那些未曾拥有者之间存在的鸿沟①。从1995年开始,美国国家远程通信和信息管理局发表了《在网络中落伍》系列报告,数字鸿沟逐渐引起公众的关注,人们通常把它和信息时代的贫富分化和社会公正等问题联系起来②。数字鸿沟最基本的特质是技术接入的不平等。例如,不同国家拥有骨干网等基础设施的带宽不一样,就个人来说,接入互联网必须要有个人计算机、电话线或者移动电话等终端设备,还必须支付一定的电信服务费用。技术鸿沟背后反映的是经济鸿沟、知识鸿沟和社会鸿沟。

首先,建设骨干网络通信基站、普及互联网接入终端设备都需要大量的财力、物力和人力,这与当地的经济发展水平和居民收入直接相关。其次,运用互联网进行交流传播活动还需要一定的知识水平,这又与当地的教育水平息息相关。只有当整个社会的经济水平发展到一定程度,人们的可支配收入达到一定的水平,满足温饱等一些基本的需求后,人们才需要利用新技术来进行更高层次的活动。全球数字鸿沟与全球不同国家、地区、阶层的

---

① 韦路、谢点:《全球数字鸿沟变迁及其影响因素研究——基于1990—2010世界宏观数据的实证分析》,《新闻与传播研究》2015年第9期,第36—54页。
② 薛伟贤、刘骏:《数字鸿沟的本质解析》,《情报理论与实践》2010年第12期,第41—46页。

经济水平和社会发展状况息息相关。

新兴的计算机和互联网技术确实改变了人类的生活、改变了世界,但是新技术最终有没有改变世界的权力格局,这个问题至今颇受争议。互联网是促进了西方信息产业中心化,加剧了西方(特别是美国)信息和文化产业的垄断地位,还是建立了翻天覆地的全球信息新秩序,提高了发展中国家在全球信息格局的影响力和话语权?韦路等考察了1990—2010年世界数字发展状况,认为在那个20年中,全球数字鸿沟逐渐缩小。数据显示,不论是互联网、固定宽带还是手机,发展中国家和发达国家之间的差距正逐渐缩小。虽然1990年除了北美、西欧和澳洲之外,网络技术在其他地方还是一片空白,但是经过20年的发展,这个空白已经基本被填补。可以说,在信息基础设施建设方面,全球数字鸿沟已经从1990年的有无之分,演变为2010年的渐变差异①。

那么,2010年以后的世界呢?世界经济论坛在2015年和2016年接连发布了两次报告称,世界各国在信息和通信技术发展和使用程度方面的差距仍在持续扩大。自2012年以来,排名前10%的国家进步幅度是后10%的两倍。报告共同主编、美国康奈尔大学约翰逊管理研究生院院长苏米特拉·杜塔(Soumitra Dutta)表示,各国之间的数字鸿沟正在扩大。在技术大步前进时,这个问题更加令人担忧,欠发达国家有可能会更加落后。2016年的报告通过"网络就绪指数"对全球139个经济体在运用信息和通信技术推动经济增长和改善民生方面作出了评估,总排名根据各经济体在信息通信政策、商业环境、基础设施、资费、经济社会影响,以及政府、企业与个人使用情况等方面的评价得出。在2016年度各经济体"网络就绪指数"排名中,新加坡连续两年位居首位,其后依次为芬兰、瑞典、挪威、美国、荷兰、瑞士、英国、卢森堡和日本。跻身前十名的国家依然和2015年相同,分别被两个高收入东南亚国家、七个欧洲国家以及美国占据。这显示出网络就绪程度依然和人均收入有很大的关联性。报告指出,对于位居榜首的新加坡,其出色表现得益于在四个分类指数有三个(环境、使用和影响)名列世

---

① 韦路、谢点:《全球数字鸿沟变迁及其影响因素研究——基于1990—2010世界宏观数据的实证分析》,《新闻与传播研究》2015年第9期,第36—54页。

界第一,这是新加坡政府大力推行数字议程,包括智能国家项目的结果。新加坡在利用信息和通信技术推动经济发展及竞争力方面成效显著,出色地将数字技术应用到政府服务,保证学校都能用上互联网①。

国际电信联盟 2017 年公布的数据显示,截至 2016 年年底,发达国家有 82.4% 的家庭拥有计算机,而发展中国家只有 35.2%;发达国家有 83.8% 的家庭拥有互联网的接口,发展中国家只有 41.1%;发达国家有 81% 的个人使用互联网,而发展中国家只有 40.1%②。现阶段的信息技术主要为发达国家垄断,其他国家的技术和设备都是从发达国家引进。这形成了网络接入上的马太效应:越是富裕的国家,上网的设备价格和服务费用越便宜;越是贫穷的国家,上网的设备价格和服务费用越昂贵。最明显的在服务价格方面,发达国家推行低廉的包月无限上网制,而发展中国家从电话费到网费多是昂贵的累进制。这种穷人多掏钱的上网费用与收入成反比的扭曲现象,更加加剧了全球数字鸿沟。

二、数字鸿沟与数字殖民

数字殖民指的是数字技术领域居于垄断地位的国家,通过本国所掌握的数字网络,对数字技术领域发展相对落后的国家实行数字技术控制、数字资源渗透和数字产品倾销。

数字鸿沟加剧了数字殖民,特别是以谷歌、苹果、Facebook 和亚马逊为代表的硅谷科技巨头正在全世界布局,许多国家和地区担心在数字领域会沦为硅谷的殖民地。德国经济与能源部部长西格玛·加布里埃尔(Sigmar Gabriel)认为,亚马逊、苹果、Facebook 和谷歌代表着"残忍的信息资本主义",而欧洲必须立即进行自我保护。"我们需要维护自由和修改政策,否则将成为一个数字统治集团在数字领域的催眠目标。"加布里埃尔在《法兰克

---

① 《世界经济论坛发布〈2016 年全球信息技术报告〉》,http://news.163.com/16/0713/09/BRRJ9N2F00014AED.html,2017 年 2 月 3 日。

② "Key ICT indicators for developed and developing countries and the world (totals and penetration rates)", http://www.itu.int/en/ITU-D/Statistics/Pages/stat/default.aspx,2017-6-1。

福汇报》上发表的一篇呼吁文章中指出:"这就是数字时代民主的未来,而现在它正处于危险之中,同样处于危险的还有欧洲 5 亿人民的自由、解放、参与和自主决定权。"法国经济部长阿诺德·蒙特伯格(Arnaud Montebourg)认为,欧洲面临着沦为"全球互联网巨头数字殖民地"的危险。他们呼吁谷歌为升级欧洲的宽带基础架构负担部分成本。加布里埃尔表示,德国反垄断办公室正在研究谷歌能否作为一家类似于电信服务提供商的公共领域公司进行监管,毕竟谷歌在德国的搜索市场拥有 91.2% 的占有率。

Facebook 的"免费基本网"(FreeBasics)平台在印度遭禁,Facebook 遭到了印度的抵制。专攻后殖民研究的美国埃默里大学英语教授迪皮卡·巴赫里(Deepika Bahri)认为,社交媒体巨头在全球的扩张携带着殖民主义的DNA。他总结了 Facebook 与殖民主义的相似之处:"像救世主一样驾临;漫不经心地使用平等、民主和基本权利等字眼;遮蔽长远的利润动机;总是宣称局部传播总比没有传播强;与本地精英和既得利益集团合作;指责批评者忘恩负义。"①

三、互联网的英语中心主义

在欧美发达国家中,英语国家占据了互联网世界的主导。全球主要的互联网产业集中在几个富庶的核心国家,而它们的顾客却分散在全球,有着不同的语言、社会、经济、宗教和政治环境。英语作为"地球村"语言的运用甚至在欧盟也大行其道。大多数欧洲人在本族语之外说的主要是英语。欧洲大多数会议,包括学术会议也越来越多使用英语作为会议语言②。

美国是全球互联网世界的规则制定者。在互联网领域的 Intel、IBM、苹果、谷歌、雅虎、YouTube、Facebook、Twitter 等都是带有全球印记的美国公司。美国学者麦克费尔认为,这些全球传播公司的目标就是把全球人口聚集的地区变为电子殖民地,以提高市场份额,将利益最大化③。

---

① "Facebook and the New Colonialism", *Atlantic Monthly*, 2016, 2(11).
② [美]托马斯·L·麦克费尔:《全球传播:理论、利益相关者和趋势》,张丽萍译,中国传媒大学出版社 2016 年版,第 338 页。
③ 同上书,第 341 页。

英语在国际语言的中心地位促成了发达国家(尤其是美国)在全世界的数字殖民行为。罗伯特·菲力普森(Robert Philipson)定义了英语帝国主义:通过英语实现的英语文化对于其他文化的主导关系①。互联网时代强化了英语作为国际语言的主导地位。MIT Media Lab 构建了全球语言网络结构,并计算了每种语言的特征向量中心性(eigenvector centrality)。特征向量中心性是网络中某个节点重要性的度量,与这个节点和其他节点的连接权重成正相关。我们可以将这个值称为"语言中心性指数"。在全球语言网络中,英文处于绝对的中心位置,是信息交互的枢纽,其中心性指数高达0.90,法文以0.30居第二位,德语以0.26与法文同处第二梯队②。目前,互联网上80%以上的信息使用的语言是英文③。英语不仅是美国、英国、加拿大、澳大利亚、南非等国家的母语,同时也是70多个国家的官方语言。目前,真正具有全球影响的网站都是英语网站。只有掌握了英语才真正在互联网上的全球村畅行无阻。

本章小结

1. 全球传播指在全球范围内多种主体,如政府、媒体、企业、社会组织和个人等参与的信息传播行为和过程。与国际传播相比,全球传播更能涵盖所有信息通道,而且国内与国外的传播界限也将趋于模糊。
2. 全球传播的特点是传播技术具有全球性,跨国传媒集团的出现使得信息产品在全球得以传播,全球传播的参与主体越来越多元化。
3. 互联网的出现使得信息传播的速度和数量大大提高,赋予了个人传播的权力,传播多媒体文本,再造传播渠道和终端,促进信息的协同生产和传播,影响了人与人的交往方式,构建了网络社区。
4. 以互联网为代表的信息技术促成了网络社会的全球化。互联网再造全球时间和空间,互联网时代的全球传播是平台的竞争,数据成为国

---

① Robert Phillipson, *Linguistic Imperialism*, Oxford: Oxford University Press, 1992.
② 刘周岩:《汉语对现代文明的贡献有多大》,http://news.163.com/16/0506/14/BMD0DA7100014AED.html,2016年8月8日。
③ 胡正荣:《媒介市场与资本运营》,北京广播学院出版社2003年版,第67页。

际互联网公司竞争合作的重要资源。
5. 全球范围内、同一个国家内都会因为政治经济社会发展的不平等而产成"数字鸿沟",这是信息时代的贫富分化。数字鸿沟加剧了数字殖民。

第二章

互联网与全球新闻传播

联合国教科文组织在《世界文化报告》中指出:"信息技术,特别是互联网及网页,具有改变世界及人类的潜力。计算机空间,即这些新关系发生的空间,使我们的时空概念、表现方式和语言发生了变化。"[1]随着互联网的发展,传统新闻业正在经历广泛而深刻的变革,这种变革改变了全球新闻传播的传播路径和格局。

互联网技术发展下催生的各种新兴媒介,使得国际新闻可以报道的新闻内容变得更为广泛丰富,传播的路径也变得更为多样。互联网技术的发展也给全球新闻机构带来了挑战。传统的全球新闻机构如何在原有的新闻生产体制下改变自己的新闻生产方式,如何培养适合互联网传播环境的新闻传播人才,如何应对互联网环境下诞生的新兴媒介的冲击都是全球新闻传播面临的重要问题。

本章关注在新闻传播日益全球化的时代语境下,互联网对全球新闻传播产生的影响,探究全球新闻机构面对互联网的挑战采取了什么样的策略,以及这些策略和变化给全球新闻传播带来了什么样的影响。

第一节 国际新闻的发展历程

论述全球化时代的国际新闻,首先要明晰全球化时代国际新闻传播的

---

[1] 关世杰:《世界文化报告》,北京大学出版社2000年版,第192页。

起源和发展历程。邵培仁认为,人类社会总体上经历了五次传播技术的革命:语言传播、书写传播、印刷传播、电讯传播和互动传播①。每次传播技术的革命都会给社会政治、经济、文化等各个领域产生重大的影响。

1. 印刷传播时代的国际新闻

国际新闻的出现也是传播技术革命的产物,虽然在古代国家之间就有了信息沟通,但直到欧美近代报刊的出现,即印刷传播时代,国际新闻报道才算真正诞生。美国新闻史学者埃默里指出:"在整个18世纪,美国见报的地方新闻寥寥无几……外国新闻的选择余地更大一些。据其统计,18世纪60年代,三分之二的外国新闻版面刊登的是政府和军事新闻,只有15%是关于人情味的故事,其中有四分之三的外国新闻来自英国。"②但这个时期的国际新闻报道受到技术限制,无法做到即时报道突发性的新闻事件。

2. 电讯传播时代的国际新闻

19世纪40年代,欧美各国纷纷建立国内电报通讯系统;20多年后连接世界的电报通讯网络逐渐形成,对于国际新闻的发展意义重大。利用电报技术,新闻媒体可以即时报道重大突发的国际新闻,通讯社也逐渐迈向国际化。电报技术对国际新闻的影响可以归为两点:第一,电报技术是对媒介技术的革命,相比于文字传播,电报可以打破时空限制,报纸也正是借助电报技术成为真正意义上的现代大众媒介;第二,电报也对新闻本身的结构和内容产生了影响,倒金字塔结构、电报体、事实性的国际新闻都是电报带来的改变。

继电报之后,电子媒介的出现也是国际新闻发展史的重要分界线。电子媒介主要指广播和电视。广播是与报刊截然不同的传播媒介,具有跨时空、易传播的特点。国际广播电台的发展与第二次世界大战关系密切,出于战时宣传的需要,当时国际广播电台政治意味浓厚,宣传技巧和宣传效果的研究成为当时传播研究的主流。

二战后,电视媒介开始兴起,并迅速成为报纸、广播之后最重要的大众

---

① 邵培仁:《论人类传播史上的五次革命》,《中国广播电视学刊》1996年第7期,第5—8页。
② [美]迈克尔·埃默里、[美]埃德温·埃默里:《美国新闻史:大众传播媒介解释史》,展江、殷文主译,新华出版社2001年版,第68—69页。

媒介。1962年,美国发射了世界上第一颗人造通信卫星,实现了跨越大洲的电视实况传输,国际新闻传播的时空观出现了革命性的变革。加拿大传播学家麦克卢汉在《理解媒介》一书中首次提出"地球村"理论①,为后来全球化理论的发展打下基础。

20世纪60—80年代的"冷战"使得国际新闻充满了意识形态的斗争。以苏联为首的社会主义阵营和以美国为首的资本主义阵营各自利用报刊、广播和电视宣传各自的意识形态,国际新闻领域的斗争硝烟弥漫。苏联和美国各自都投入了大量的人力和财力在对外传播上,建立了国际广播体系,力图向对方的人民说明各自政治制度和生活方式的优越性。两大阵营对国际传播影响力的争夺以美国为首的资本主义阵营占了上风。美国和欧洲的媒体在全球新闻生产和传播中占据了主导地位,特别是英语新闻在国际新闻中处于强势地位。在20世纪七八十年代,电视新闻是由少数几个西方发达国家流向全世界的②。而世界上所有的国际新闻几乎都是由四大通讯社(美联社、路透社、法新社和合众社)单向流向其他国家的③,以致第三世界国家掀起了一场"世界信息与传播新秩序"运动。在不结盟运动和苏联的推波助澜下,联合国教科文组织发表了《大众传媒宣言》(*Mass Media Declaration*),对国际信息传播中的不平等现象进行了抨击。

随着1991年苏联解体,这场运动也宣告结束。之后经济全球化和媒介技术前所未有地快速发展。一方面,在新自由主义的推动下,西方传媒资本不断集中,并且在全球市场不断整合资源,形成跨国传媒巨头,新闻的生产和传播在全世界范围内进行了整合和重组;另一方面,电子媒介的数字化技术和互联网的发展也对国际新闻的生产和传播方式产生了巨大影响。

3. 互动传播时代的国际新闻

互动传播指以电脑为主体、以多媒体为辅助的多种功能的信息传播,即互联网时代的信息传播。进入21世纪,信息全球化快速发展,全球信息流

---

① [加拿大]马歇尔·麦克卢汉:《理解媒介》,何道宽译,译林出版社2011年版。
② Karle Nordenstreng & Varis, T., "Television traffic: A one way street", *Mass Communication*, Paris: UNESCO.
③ Oliver Boyd-Barrett, *The International News Agencies*, Beverly Hills: Sage, 1980.

动的特征和方式发生了转变。互联网只用了短短几年时间就成为拥有数亿用户的全球媒介。

正如学者里斯(Reese)所言,互联网带来了一个"全球新闻竞技场"[1],在这个新闻场里,国内受众能够非常容易地获得未被国内媒体所报道的信息和观点。国内受众积极地通过互联网寻求国外资讯,这种情况在他们觉得国内新闻媒体难以对某一新闻事件提供充分和无偏见的报道时表现得尤为明显。

第二节 互联网环境中的全球新闻特征

互联网加速了全球信息系统的建立。在全球信息系统中,国际新闻(international news)已经逐渐演变为全球新闻(global news)。在互联网环境下,全球新闻传播有以下几个特点。

一、多元化:全球新闻传播的主体特征

根据美国沙尼·伯曼(Shayne Bowman)和克莱斯·威利斯(Chris Willis)的《自媒体:受众正如何影响新闻信息的未来》报告,到2021年受众将生产50%的新闻内容,届时主流新闻媒体也将不得不逐步采纳和实践全新的新闻传播形式[2]。在互联网时代,全球新闻传播已经不再由国际传媒机构所垄断,个人也加入到全球传播的行列里来。借助互联网,个人完全有条件以个体身份参与新闻制作过程,参与方式包括独立发布数据和信息、提供原始新闻素材、协助媒体记者工作、翻译整理等。

2003年伊拉克战争期间,萨勒姆·帕克斯(Salam Pax)在 dear_

---

[1] Reese, S. D., Ruti liano, L., Hyun, K., & Jeong, J., "Mapping the blogosphere: professional and citizen-based media in the global news arena", *Journalism*, 2007, 8(3), pp. 235-261.

[2] 吴飞等:《国际传播的理论、现状和发展趋势研究》,经济科学出版社2016年版,第314页。

raed.blogspot.com博客网站上撰写博客,叙述在巴格达战火中的生活以及战争进展情况。每次炸弹要爆炸之时,他坐在房间里描述外面发生的一切,房门紧锁,希望不要有炸弹炸到自己。他的帖子被《卫报》《纽约时报》和BBC等各大国际媒体采用①。美国《连线》杂志记者杰弗·霍威(Jeff Howe)于2006年6月首先提出了"众包"(crowd-sourcing)的概念,用来描述一种新的商业模式,即企业利用互联网将工作分配出去,发现创意或解决技术问题。"众包"模式在新闻实践中的应用,最直接的影响是促使"公民新闻"向"专业余新闻"转变。"专业余新闻",英文是"pro-am journalism",pro-am是"professional-amateur"的缩写,指专业人士和业余爱好者组合形成的"专业的业余人士"②。2011年中东民主革命爆发时,美国公共广播电台(NPR)的安迪·卡文(Andy Carvin)凭借出色的报道获得了诸多荣誉,他一个人竟然承担了NPR的大部分国际新闻报道,其诀窍就在于他充分利用Twitter与遍布世界各地的"公民记者"和"社区记者"的联系,采用所谓的"众包"生产机制,第一时间刊登贴近当地情况、如实反映当地民众诉求的新闻。

学者梅丽莎·沃尔(Melissa Wall)和萨哈尔·厄尔·萨伊德(Sahar EI Zahed)全面考察了叙利亚内战中国际记者被限制入境的情况下,《纽约时报》的he Lede(该报推出的以网络用户原创内容为主的即时博客)如何展示叙利亚境内网络用户的原创内容,厘清了整个新闻生产的机制:身在新闻现场或叙利亚境内关注战事的社交媒体用户将发生在身边的内战经历拍成视频上传到社交媒体平台,而供职于he Lede的《纽约时报》资深编辑则依该报的传统标准,筛选其中符合《纽约时报》新闻价值判断体系的视频素材作为专业报道的组成部分,并在最终的新闻报道中标明所选内容为非专业记者所制(未署名)③。

---

① [英]约翰·欧文、希瑟·普迪:《国际新闻报道前线与时限》,李玉洁译,中国人民大学出版社2012年版,第137页。

② 吴乐珺:《"众包"模式推进美国公民新闻再发展》,《国际新闻界》2007年第8期,第41—43页。

③ Melissa Wall, & Sahar EI Zahed, "Embedding content from Syrian citizen journalists: The rise of the collaborative news clip", *Journalism*, 2014, 4,转引自常江、杨奇光:《从"参与报道"到"去媒体化":互联网思维如何有效推动国际新闻传播》,《对外传播》2015年第2期,第70—75页。

除了个人以外,英美国家一些非媒体机构也开始介入国际新闻报道,成为全球新闻传播的新力量。例如,美国霍普金斯大学创办的公共机构"国际报道项目"(International Report Project),目的就是资助独立记者去国外采写新闻,并帮助他们寻找发表平台。到 2012 年,该机构已经资助了 300 多位新闻工作者,采访范围涉及 90 多个国家,几乎所有美国主流媒体都曾刊登过其受助者的报道①。

普利策危机报道中心(Pulitzer Center on Crisis Reporting)也是一家类似的非营利机构,通过资金赞助和提供培训教育项目等方式,致力于促进国际事务的深度报道,以及未来国际新闻报道力量。在"所有人都是记者"的数字时代,他们代表了"所有人都可能成为国际新闻记者"的方向②。

eBay 的创始人皮埃尔·奥米迪亚(Pierre Omidyar)和负责报道"棱镜门"的英国《卫报》记者格兰·格林沃德(Glenn Greenwald)共同创立了非营利新闻机构"第一眼媒体"(First Look Media),在 2014 年 12 月推出了新媒体项目 Reportedly,由安迪·卡文领衔。在对巴黎《查理周刊》枪击事件的报道中,仅由 6 人组成的 Reportedly 欧洲报道团队在 Twitter 上跟进事件,他们利用先进的数据分析技术,先后追踪并聚合了包括目击者、政府等方面的 Twitter 信息并及时加以整合、发布,还通过 Twitter 上提供的地理信息确认事件发生的具体地点,而对于没有地理信息的图片则借助谷歌街景地图来核实地点③。在此事件的国际报道中,Reportedly 在内容生产的时效性和广度上,均大大超越其他媒体,成为这场国际新闻大战中的一匹"黑马",引人侧目。

二、视频:全球新闻传播的重要形式

《在线视频预测报告》指出,全世界观众平均每日花费 19.7 分钟在移动

---

① 刘笑盈:《融媒时代:国际新闻的新特征》,《新闻战线》2015 年第 10 期(上),第 143—145 页。
② 刘笑盈:《国际新闻传播》,中国广播电视出版社 2013 年版,第 232 页。
③ 常江、杨奇光:《从"参与报道"到"去媒体化":互联网思维如何有效推动国际新闻传播》,《对外传播》2015 年第 2 期,第 70—75 页。

设备(智能手机和平板)上观看在线视频,相比之下,花费在固定设备(台式电脑和智能电视)上的时间仅为 16 分钟。截至 2016 年年底,全球受众每天平均花费近 1 小时观看在线视频,其中超过一半是在移动设备上①。视频比单纯的信息更易产生记忆和吸引关注,成为全球新闻传播的重要载体。

《纽约时报》很早就显示出对视频业务的重视。2014 年,该报在计划裁剪 100 个新闻工作室的情况下还将视频生产工作室规模扩大了一倍。《纽约时报》进军视频领域的具体策略可以总结为三点:第一,从定位出发,打造视频品牌。《纽约时报》将自己定位为综合性媒体,主打美食、评论和新闻这三大重点内容领域,从而凸显自己的品牌特性。第二,通过流量大的平台进行内容分发,吸引受众注意力;然后通过为广告主提供不同的视频广告定制服务,将注意力变现。第三,针对移动端的特性生产和改变自身产品和内容,在视频广告信息流的展现方式上不断革新②。目前,《纽约时报》的视频队伍有 50 多名团队成员,一个月大约产出 500—1 000 条视频。除了在网站上刊登发表视频之外,还和相关合作商共同运营视频作品,在营收方面进行利益分成③。视频业务已经成为《纽约时报》提升收入目标的主力军之一,如何获得更多高质量低成本的视频内容,在移动端获取更多用户的注意力,以及如何更好地为广告主提供服务成为《纽约时报》下一步发展视频业务要重点思考的问题。

为了让观众在各种媒体平台上更好地观看 BBC 的节目视频,BBC 于 2007 年推出了 Iplayer 播客服务。用户使用 Iplayer 可以点播七天内播出的电台电视台节目。而 BBC Iplayer 产品的主要特点就是跨平台服务,使用此服务的用户不局限在互联网上,电视用户、智能移动终端用户、PC 用户甚至 XBOX、索尼 PlayStation 的用户只需要 Iplayer 的账号就可以使用 Iplayer 服务。从这种跨平台的战略可以看出,BBC 的 Iplayer 产品是将电视作为承载视频内容的媒介之一,而不是局限于单一的电视平台,从而改变传统观众

---

① 《在线视频预测报告》,实力传播,http://www.199it.com/archives/499305.html,2017 年 1 月 2 日。
② 《纽约时报:怎样"聪明"的进入视频领域》,全媒派,http://media.news.qq.com/original/quanmeipai/niuyueshibaoshipinyewu.html,2016 年 12 月 1 日。
③ 卡罗琳·桂:《纽约时报的视频化改造》,《传媒评论》2016 年第 7 期,第 28—29 页。

观看电视的方式。

BuzzFeed 首席执行官约那·佩莱蒂(Jonah Peretti)认为:"发展视频业务是大势所趋。它在移动设备上被播放和分享的频率很高,因此它将数码、视频、移动和社交融合在一起。"①这段话也解释了当前的视频新闻业务与电视新闻、PC 互联网视频新闻最大的区别就是与移动、社交等元素的融合。路透社推出的 Reuters TV 客户端就是视频与移动融合的体现。使用这款产品,用户不仅可以根据兴趣自定义收看的新闻节目,并且支持离线缓存,还可以点播未经编辑的视频原素材,获取来自世界各地记者的全天候的新闻报道。对于不能一直关注电视机新闻而又对全球资讯感兴趣的用户而言,这款产品满足了他们的需求。

三、多屏移动端:全球新闻传播的终端载体

"当下的互联网也是一个多屏互动的时代。双屏(电视、电脑)到三屏(电视、电脑、平板电脑)、四屏(电视、电脑、平板电脑、手机),再到铺天盖地的户外大屏,多屏时代潜移默化地改变着受众的视听习惯与生活方式。"②与 PC 时代相比,移动互联网时代的用户媒体使用行为突破了时间和地点的限制,大量的碎片化时间被使用,空间上也由原来相对稳定的地点扩展至各个角落。由于移动终端随身、便携的特点,以及使用的用户数量、频次的上升,用户对于终端的使用更加随意,也更具组合特点。用户不是单一地使用某种设备、平台、终端,而是对多种终端设备的组合使用。同时,因为每一个用户使用智能终端时都处于一个独特的场景,所以用户也会根据不同场景切换适合当时场景的终端设备。

由于移动互联网时代的用户随时随地都保持在线的状态,并在不同的网络和终端之间游走,这就促生了新闻媒体开发具有多屏跨界能力的产品和生产适用多屏场景的内容。全球新闻传播的重点放在如何使内容生产不

---

① 《三大新闻通讯社这样开展视频业务》,腾讯网,http://tech.qq.com/a/20150301/005145.htm,2015 年 4 月 1 日。
② 张红玲:《多屏时代的受众重构与传播形态研究》,《新闻爱好者》2014 年第 4 期,第 11 页。

断覆盖所有平台,尤其是移动平台上。

《2016全球数字化报告》显示,全世界越来越多人通过移动设备来使用互联网,在全球互联网总流量中,移动端的份额年增长率达到了21%。数据显示,目前Facebook全球用户中,超过一半只通过移动设备访问,世界上很多国家的网络消费都是通过移动设备,可以说,移动互联网已经占据了统治地位①。面对移动设备的普及和新闻消费模式发生的变化,全球媒体也在相应地做出改变。"2014年以来,《纽约时报》已努力减少对印刷版的重视。2015年年初,《纽约时报》改变了每日新闻例会的结构,不再强调讨论第二天报纸A1版要刊登什么,而是将重点放在《纽约时报》报道如何不断覆盖所有平台,尤其是移动平台。"②BBC也将移动业务作为未来的主要业务之一。2015年英国大选期间,有五分之一的成年人通过移动设备从BBC获取信息,这标志着新闻消费方式的巨大转变。BBC在2015年年初推出新的响应式设计网站后,目前其流量的65%来自智能手机和平板电脑。BBC进一步发展移动业务,并打造更加个性化的新闻服务,以多媒体形式满足用户需求③。

另外,多元的传播平台也促使新闻媒体进行新闻生产内部流程的改革和再造。例如,CNN利用新媒体技术全面改革内部组织结构,打造适合全媒体的新闻制作流程。以前,CNN各个频道及网站都有自己的节目制作部门。在非线性编辑普及和节目全面数字化后,CNN内部建立起了一个能够统管所有素材的总任务台,专门负责处理每天从世界各地传送过来的新闻素材,为网站写稿,有的时候则是网站记者以报告人的身份在电视上露面。这种高效的信息共享机制和组织结构实现了媒体优势资源的共享,节省了人力物力,也提高了信息传播的效率④。

---

① 西蒙·坎普:《2016数字化报告:全球互联网、社交媒体、移动应用的数据、趋势及行业透视》,http://www.cyzone.cn/a/20160226/290941.html,2017年1月2日。
② 张宸:《2015年外媒引人注目的四大变化》,《新闻与写作》2015年第12期,第15—18页。
③ 同上。
④ 刘笑盈:《融媒时代:国际新闻的新特征》,《新闻战线》2015年第10期(上),第143—145页。

四、社交媒体：全球新闻传播的平台

据牛津路透新闻研究院《2016数字新闻研究报告》的调查，超过半数的人声称自己每周主要通过社交媒体来获取新闻①。面对社交媒体与新闻的关系日益紧密，不仅传统媒体希望借助社交平台作为获取用户的渠道，社交媒体和许多科技公司本身也在制作新闻产品，向新闻业进军。

Facebook自2014年10月推出"安全信使"②这样的安全检查功能以来，这项功能已被激活过5次。同年4月25日尼泊尔首都加德满都大地震发生之后，Facebook首次启用了安全检查功能。该地区超过700万人被标注为安全，并向超过1.5亿与他们联系的亲朋好友发送了通知。在9月智利发生大地震之后，Facebook再次启动该项功能。2015年10月，Facebook分别在墨西哥帕特丽夏飓风和阿富汗、巴基斯坦及周边发生地震后启动了安全检查功能。除了在Facebook开放"安全信使"功能之外，Twitter也在巴黎恐怖袭击事件发生后发起了"开门"运动（♯PorteOuverte）。♯PorteOuverte是法语打开家门的意思。该活动就是鼓励恐怖袭击发生地附近的居民打开家门，让受伤或者暂时无法回家的人进去。实际上"开门"运动类似于我国微博中的"热点"，用户在更新自己的状态的时候可以添加该热点为后缀，这样，所有有关这个热点的信息将会被汇集到一个页面中，人们可以通过搜索该热点看到相关消息。用户也是通过这样的办法来告知需要帮助的人来到自己的家里。Twitter还有一家流媒体服务商叫Periscope，其开发的同名APP为用户提供了视频直播即时回放的功能，这一功能在巴黎恐怖袭击事件中产生了巨大的反响。事发当时，该软件服务器收到了大量的由用户拍摄、反映事发地状况的视频，甚至导致其服务器宕机③。

---

① "Reuters Institute of Study of Journalism", Digital News Report 2016, http://www.digitalnewsreport.org/, 2017-1-11.

② 当用户身处受灾或危险区域时，Facebook会发给用户一条推送，询问你是否安全；当用户确认后，Facebook会把用户安全与否的信息推送给用户的所有Facebook好友。

③ 方雪悦、陈怡博：《社交媒体发展对国际新闻的影响——以巴黎恐怖袭击事件社交媒体报道为例》，《新媒体研究》2016年第16期，第7—9页。

第三节　互联网环境下全球媒体机构的革新

互联网的崛起、网络空间的形成给世界带来了新的挑战,也带来了重建秩序的机遇。互联网已经成为人们获取新闻的主要来源,受众不断转向数字平台以获取新闻。全球各大媒体集团报纸发行量急剧减少、电视收视率下跌、广告销售持续下降,全球媒体行业面临洗牌。在互联网环境下,国际媒体机构的革新出现了以下几个趋势。

一、传统媒体机构加速转型

互联网的迅速发展使得传统媒体的地位岌岌可危。几乎所有的传统媒体不得不拥抱互联网,寻求转型之道。就全球而言,传统媒体的转型之路包括三个方面。

1. 搭建自己的新媒体平台

这是最开始几乎所有的传统媒体采用的策略,例如建立自己的网站,培养全能型记者,强调融合性报道,增强与受众的互动,借助互联网门户、SNS、IM、博客和微博等多种新型的媒介,来迎合读者新的内容阅读习惯。互联网出现后,信息呈现爆炸式增长,用户对于信息的接触和阅读抱有一种随意发现的心态,所以传统媒体的新闻资讯借助新的数字平台,通过信息流、转发等各种分享信息的方式被随机推送到用户面前,以契合用户在新媒体平台上养成的用户习惯。同时,数字平台也具有传播速度快、成本低等特点,在融合发展的大趋势驱动下,数字媒体已经成为各国新闻媒体传播的一个重点领域。中国的新华网每天以英语、法语、西语、俄语、阿拉伯语等十种语言,全天候不间断地发布新闻信息,成为中国新闻对外传播的重要平台;移动平台"新华社发布"整合了新华社旗下的各社办报刊、新媒体平台和信息产品,新华视点、中国网事等提供的信息可通过LBS智能推荐供用户选择。《纽约时报》专门设置了"创新中心"研发适应互联网形式的新产品,推出桌面阅读器、手机在线阅读工具等适应不同数字媒介的新闻产品。

2. 与互联网企业合作

《纽约时报》在加速转型的时候采取了通过内容产品化的方式来适应新流量平台如Facebook的思路。2015年Facebook推出"Instant Articles"服务,与《纽约时报》等媒体达成合作,通过这一服务,用户可以直接在Facebook信息流中浏览新闻而不用跳转到其他网站上去。作为回馈,如果媒体自行销售这些广告位,将获得自己在该平台的新闻内容带来的全部广告收入,如果由Facebook销售广告位的话,媒体可以获得70%的广告收入。《纽约时报》还通过和第三方数据分析公司合作,对自己在Facebook上分发的新闻报道以及Facebook用户的浏览行为信息做内容分析,找到自己的潜在用户以及用户的兴趣偏好,再对他们进行定向推送。除了"Instant Articles"服务,《纽约时报》在2016年还与Facebook达成直播领域的合作,通过Facebook live应用进行直播视频的内容生产。截至2016年12月底,《纽约时报》在Facebook上的视频直播浏览量已超过1亿。

3. 积极拥抱新技术

《洛杉矶时报》在2012年开发了机器人写作;2014年美联社宣布采用自动化技术报道,利用数据自动生成犯罪、地震或公司新闻[①]。在马航失联的报道中,CNN通过AR技术(augmented reaLity,增强现实技术,也被称为混合现实技术、人机互动技术)做了可视化、形象的报道。虚拟现实(virtual reality,简称VR)技术也被引入新闻报道中来,使得顾客能够身临其境地"经历"新闻。在2016年美国总统候选人希拉里和特朗普的竞选辩论中,NBC与AltspaceVR(一家专注于社交类虚拟现实技术的初创公司)合作,为观众提供了一场"VR+直播"的全新体验。在辩论过程中,会场以360度全景方式呈现。在虚拟的辩论会场上,不仅主持人和辩论者的虚拟人像出现在会场中央,观众的虚拟人像也分布在会场四周。

---

① 刘笑盈:《融媒时代:国际新闻的新特征》,《新闻战线》2015年第10期(上),第143—145页。

案例2-1：英国《卫报》①

《卫报》(*Guardian*)创刊于1821年,是英国的全国性综合日报。从2006年至今,《卫报》的改革策略不断进行调整与完善,但不管是从最初提出的"网络优先"到调整后的"数字优先",还是从开通"数据博客"到"开放式新闻"(open journalism)模式的提出,其改革主旨从始至终紧紧围绕着融合与开放两大主题展开,两者相辅相成。《卫报》的开放策略为其加强媒介融合提供了条件,而传统媒体与互联网的不断融合又促使其开放策略能够顺利向前推进。

《卫报》开放式新闻模式的构建并不是一蹴而就的。从2006年开始,一系列循序渐进、由浅入深的开放举措就被陆续提出。由此,《卫报》一步步将自身置于开放式架构的中心。《卫报》的开放过程分为四个阶段：第一是2006年推出开放评论平台；第二是2009年开放数据平台,并专门开设了数据商店；第三是2010年开放技术平台；第四是2012年开放式新闻模式正式提出。

《卫报》对新媒介技术的运用主要体现在两个方面：一是在信息的搜集上,利用诸如博客、Facebook等社交平台采集新闻报道所需的素材及信息,"数据博客"的创立就是典型；二是在对已有数据的处理上,利用互联网新技术,如Google fushion等数据处理软件,来增强数据的互动性与可视化,2010年10月《卫报》刊登的一则伊拉克战争日志里所使用的一幅点图(dot map)便是典型。

《卫报》很好地顺应了互联网时代开放的特点,从评论平台的开放到数据、技术平台的开放,逐步创造条件鼓励与引导读者能够亲身参与新闻报道中。不同于传统报业与读者之间所形成的一种传者与受者的相互关系,在开放式新闻模式中,《卫报》充分利用网络平台使自身与受众之间能够产生充分的信息交流,新闻媒体更像是新闻报道中的组织者与引导者,与读者保持着一种良好的互动关系；而原本处于被动接收的读者,则逐步成为新闻报道的参与者。在改革的过程中,《卫报》充分

---

① 刘雨搜集了本案例的资料。

发挥新媒体的特点与优势,探索与新媒体融合与嫁接的方法,不仅通过发挥新兴媒体的工具性价值促进新闻共享,还主动贴近互联网新兴社交平台搜集、处理、发布信息数据。自 2006 年开始改革以来,《卫报》不仅成功地提高了新闻内容在不同媒介载体与网站上的曝光量与传播量,扩大了新闻报道的传播范围,还依靠社交媒体的广泛影响力加强与读者的互动与联系,使得受众扩大。2015 年,《卫报》在 Twitter 上的粉丝量已经远远超过其报纸订阅用户,这充分证明了《卫报》与社交媒体融合策略的成效。

二、新兴媒体机构整合资源

互联网催生了很多新兴的媒体,不同于传统媒体,这些新兴媒体诞生之初,就带着互联网的基因。以整合新闻为例,互联网的强大搜索集成功能使得互联网媒体能够把特定相关的新闻集成在一起,满足读者的不同需求;改变了传统阅读新闻的方式,开放网络平台和移动端阅读平台,使得读者随时随地都可以接收新闻和发表评论;尊重受者的主观能动性,在传统媒体时代被动接收的受众通过使用互联网更加主动地寻找信息,这种主动性反过来影响了原来处于中心地位的媒体,使得媒体传播信息的时间、渠道、内容更多考虑受众的需求。

案例 2-2:《赫芬顿邮报》[①]

2005 年是《赫芬顿邮报》(*Huffington Post*)的诞生年。创办初期,《赫芬顿邮报》可以算作一份纯粹的网络报纸,以传播形式和内容构成上的创新性改变吸引了足够的民众目光。在传播形式上,它通过转变纸质阅读的传统媒介形态,以网络平台和电子报纸形态获得发展契

---

① 陶泳搜集了本案例的资料。

机,即完全依赖于互联网传播,在媒介形态上显著区别于传统报业,在报业中"自成一派"。在内容构成上,区别于传统报纸客观性的报道,《赫芬顿邮报》推出的模式是"新闻整合生产＋深度博客评论"①。对于新闻,它巧妙地运用了互联网的时效性和稳定性优势,实时对传统媒体已有报道进行专题整合生产,更符合人们对信息及时性的需求;同时信息也不再限于临近地区、单一国家,更好地实现了全球化。

以互联网思维和新媒体手段经营的《赫芬顿邮报》主要以流量和广告收入为盈利模式,内容对用户完全免费开放。这种盈利模式体现了互联网的特点之一——信息完全无障碍地自由流通。完全免费开放的内容所带来的经济实惠性和阅读便利性,对受众无疑是一大诱惑,这使其获得了大量用户的青睐,吸引了巨大的浏览量。也正是因为其庞大的用户数目和居高不下的关注度,《赫芬顿邮报》成功吸引了大量广告商注资。

自 2011 年起,《赫芬顿邮报》正式打开了拓展全球市场的大门。在其全球化推广策略中,《赫芬顿邮报》的主要措施可总结为两点。

1. 开拓多样化传播渠道以加强全球化推广力度

除了先后开拓网络版、iPad 版与手机客户端三种形式,在 2009 年,《赫芬顿邮报》又与社交媒体 Facebook 一起合作推出了"HuffPost Social News"主页。2011 年,在 Facebook 上推出了"HuffPost for Facebook"的 APP 应用软件,增加了个性化和智能化的推荐。

2. 积极拓展全球市场和国际格局以提升媒体的国际影响力

2008 年,《赫芬顿邮报》推出首个地方站"芝加哥赫芬顿邮报",随后纽约、丹佛、洛杉矶、旧金山、底特律和迈阿密的地方站也相继上线,将其在美国本土的影响力提升至最大。自此以后,从 2011 年,《赫芬顿邮报》正式开始了国际扩张,与目标国家当地报社合作来提高影响力。

---

① 张牧涵、朱垚颖:《赫芬顿邮报成功崛起的秘密》,《新闻与写作》2014 年第 12 期,第 66 页。

> 信息化时代，网络新媒体与传统媒体绝非各自绝缘、分道扬镳，良性的结合能使它们产生双向的作用力，推进彼此发展。在这个层面上，《赫芬顿邮报》开创出成功的先河，将传统媒体的转型变为可能。除了版式革新和运营模式带来的基础优势，《赫芬顿邮报》在全球推广上所具有的创新性和前瞻性、传统媒体的原创精神、对局势的正确把握以及对新事物的接受与改造利用等特质，颇具参考价值。《赫芬顿邮报》在全球推广上的成功之道值得任何希望从纷繁复杂的互联网世界中分一杯羹的传统媒体学习和借鉴。

三、互联网平台涉足新闻传播领域

互联网巨头纷纷瞄准新闻业务，涉足新闻业。而这些巨头本身并非新闻内容的制作者，它们是平台或者渠道。谷歌2015年6月推出新闻实验室（News Lab）项目，新闻工作者可以通过这一项目更好地利用谷歌的所有应用程序和平台的数据，包括谷歌地图、谷歌搜索、YouTube等，进行数据化的新闻内容生产和报道。苹果公司推出的新闻应用产品"苹果新闻"是一种新闻资讯聚合产品，也是希望借助自身在移动平台上的优势，来发展新闻业务。而这些互联网企业推出的新闻服务都是面向全球受众的。社交媒体依靠其强大的用户资源和数据库，针对不同的受众特点，推出不一样的内容和信息定制服务。

> **案例 2-3：Facebook 的新闻策略**
>
> 在近年来世界上多次重大突发事件、灾难，如海地地震、日本海啸、埃及政变等发生时，Facebook都发挥了重要作用。在这些事件中，当由于自然或人为原因，传统新闻媒体无法正常及时传播消息时，Facebook除了迅速发布消息、及时提供第一手现场信息外，还在征集援救、安抚伤者、联络国际力量、帮助民众互通消息等方面都作出了重

要贡献①。

2014年Facebook推出"趋势话题",反映引起大量讨论的热门标签和话题;随后又推出两款新搜索工具,向新闻机构和营销人员提供更方便的热门话题实时监测服务。这些热门话题可以与电视节目、重大新闻和体育赛事有关。2016年,Facebook通过升级,将"趋势话题"功能引入更多国家,支持更多语言。用标题对"趋势"内容进行统一,可以帮助新闻出版商招揽新读者,也可以帮助Facebook增加新闻合作伙伴。

2015年,Facebook正式上线"Instant Articles"(新闻快读)功能。通过这个功能,新闻内容商可以将它们的文章直接发布到Facebook。据Facebook官方博客介绍,"Instant Articles"旨在提升新闻阅读体验。之前,用户在手机APP打开新闻文章平均需要8秒,非常慢。而现在,如果媒体直接在Facebook上发布文章,打开速度会快十倍,即1秒都不到。除了加载时间提升之外,还有其他一些功能的加入,如图片缩放、自动播放视频或者朗读功能。作为新闻聚合类应用,用户可以直接在Facebook移动端的时间轴观看新闻内容,简化了新闻的文字和图像内容,节约了用户的时间和流量成本,提升用户的阅读体验。

Facebook通过数据分析充分了解不同用户的兴趣与喜好,其新闻产品通过程序算法向不同的用户推送不同的新闻,以满足用户个性化的新闻兴趣与需求。Facebook的新闻产品主管威尔·卡斯卡特在受访时宣称:"我们走的是一条追求个性化的道路,要满足不同受众的多样性需求。"②

Facebook也因为假新闻事件而饱受业界的批评与指责。为此,Facebook采用新的评估标准以降低假新闻出现的概率。为了缓解与新闻业的紧张关系,Facebook提出了一项新的倡议,包括投资研究项目以促进新闻素养的提高,加大努力消除关于主要新闻的错误信息,支

---

① 吴飞等:《国际传播的理论、现状和发展趋势研究》,经济科学出版社2016年版,第296—297页。

② 史安斌、王沛楠:《传播权利的转移与互联网公共领域的"再封建化"——脸谱网进军新闻业的思考》,《新闻记者》2017年第1期,第20—27页。

> 持当地新闻的项目,免费向发布者开放 CrowdTangle 工具。Facebook 还聘用了前 NBC 新闻记者及前 CNN 黄金节目电视主持人坎贝尔·布朗(Campbell Brown)女士为旗下新闻业务合作伙伴部门负责人,以开展与新闻媒体更紧密和有效的合作。

总的来说,在全球化阶段,资本成为全球新闻传播背后的主要推动力。传播的主体也成为传者和受者的结合体。除了各国政府和传统新闻媒体外,个体和非政府组织也成为全球传播的重要力量。随着移动互联网的发展,人们可以随时随地访问互联网,大数据时代的程序算法有可能取代传统媒体的专业编辑,成为新的议程设置者,决定哪些新闻对受众而言是重要的。这改变了人们信息消费的方式,也给全球各大媒体提供了获取用户注意力的新战场。

本章小结

1. 每次传播技术的革命都对国际新闻产生重大的影响。互联网带来了一个"全球新闻竞技场",加速了全球信息系统的建立。在全球信息系统中,国际新闻已经逐渐演变为全球新闻。
2. 在互联网环境中,全球新闻传播的主体特征是多元化,视频成为全球新闻传播的重要形式,全球新闻传播的终端载体是多屏移动端,社交媒体成为全球新闻传播的平台。
3. 互联网推动了传统媒体机构加速转型,新兴媒体机构不断整合资源,互联网平台也开始涉足新闻传播领域。

第三章

互联网与国家形象

在全球交往越来越频繁的今天,国家形象对于国家吸引外资、国际贸易、旅游业的繁荣、对外文化交流、国际关系的稳定乃至国家利益的最大化都有非常重要的影响。在全球传播的环境下,在互联网构建的交流网络中构建一个正面的、健康的国家形象几乎是每一个国家所追求的目标。

本章第一部分讨论互联网时代下的国家形象塑造,阐述国家形象的定义和内涵;讲述国家形象传播与传统媒体之间的关系;比较传统媒体和网络新媒体对国家形象的塑造;以案例分析的形式分析国家形象在互联网上的传播。第二部分探讨互联网时代的公共外交,详细分析社交媒体时代的公共外交形态和特征。

第一节 互联网时代下的国家形象塑造

一、国家形象的定义和内涵

关于国家形象的研究最早开始于 20 世纪 30 年代,到目前为止主要集中在四个研究角度:商业研究、社会心理学研究、政治科学研究以及传播视角研究。

商业研究的研究核心是消费行为,关注市场角度的国家品牌和来源国效应。国家形象主要是国际消费者这一特定群体在购买某一特定国家商品时的态度和倾向。商业领域的国家形象是指一国在国际上的声誉,主要反映了国际消费者对该国商业品牌和产品的信任度。在商业研究的视角中,国家整体也是一种品牌,可以对国家形象进行塑造、评估和管理。最先提出国家品牌这一概念的西蒙·安霍特(Simon Anholt)认为:"作为国家品牌的国家形象是人们对国家治理、投资与移民、出口、旅游、文化遗产、民族六个方面能力的综合印象。"①国家形象作为品牌是一种无形的资产,同时国家品牌更加强调一国在塑造国家形象上的主动性,包括对国家形象制定品牌传播策略,分析传播策略实施后受众的反馈等。

社会心理学研究的是受众个体的认知、情感和行为。部分研究侧重于国内受众对国家形象的感知和评价,注重开展群际关系和集体认同的研究。部分研究则从认识论出发,侧重于国际受众对国家形象的认知,认为国家形象属于认识论范畴,是形象塑造国之外的各种主体对该国一种相对稳定的综合印象和评价。

政治科学研究往往把国家形象归在国际关系学和政治人类学下面,认为国家(政府)的形状相貌和客观状况、行政机关及其成员的行为活动是国家形象的基础,着重研究的是政府主导的国家形象。在这一研究视角下,国家形象是指一个国家(政府)及其由国家所统领的社会经由外交、传媒、组织、个人等多种渠道传播后,在国内受众和国际受众中所引起的舆论反应。

传播视角则研究一国在外国媒体中的形象,或是将国家作为品牌,从品牌管理的角度研究。在外国媒体中的媒介形象研究方面,国家形象是一个国家在国际新闻流动中所形成的形象,或者说是一国在他国新闻媒介的新闻言论报道中所呈现的形象②。

从国家形象的定义上可以看出,国家形象的内涵因为研究目的和角度的不同而不同。从国家形象传播的主体上看,学术界主要有三种观点:第一种观点认为国家形象的传播没有明确或特定的主体;第二种观点认为国家形象传播只有单一的传播者,国家形象的主体主要是政府,包括代表主权国家行使权力的政府机构和政府官员;第三种观点认为政府、企业、组织和个人都能代表国家形象。从国家形象传播的受众上看,国家形象的受众既

---

① Simon Anholt,"What is a Nation Brand?", http://www.superbrands.com/turkeysb/trcopy/files/Anholt_3939.pdf, 2017-6-11.
② 徐小鸽:《国际新闻传播中的国家形象问题》,载刘继南:《国际传播——现代传播论文集》,北京广播学院出版社2000年版,第27页。

包括国内受众也包括国际受众。

综上所述,国家形象包括三个方面:一是国家客观存在的国家真实状况,例如国家的政治、经济、军事、文化、科技、生态等综合实力。其中,政治实力包括国家的政治制度、法律制度、在国际上的政治地位等。经济实力包括国家的国内经济状况、人民的物质生活水平、国际贸易水平等。军事实力包括国家的军备力量、作战能力等。文化实力包括民族精神、文化向心力和在国际上的软实力等。科技实力包括科技创新水平、科研队伍素质等。生态实力包括国家的自然资源、生态环境等。第二,国家形象还包括媒体建构出的国家形象,这种建构的主体既可以是媒体,也可以是国家自身。媒体在这种"拟态环境"中可以建构出与事实相符或相左的国家形象。国家自身也可以通过主动策划、制定系统的传播策略和传播方案,建构出符合国家利益的国家形象。第三,无论是真实还是建构的国家形象,国家形象最终的落脚点还是受众对国家的主观认识,因此国家形象也是受众对一国的认识、态度、情感的综合评价。

二、传统媒体对国家形象的塑造

国际受众认识和了解一国的情况主要通过人际传播(亲身经历)和大众传播(新闻媒体)。人际传播包括跨国旅游和移民、参加国际会议或体育赛事、外交和国际政治交流等。大众传播包括报纸、杂志等印刷媒介,广播、电视等电子媒介,电影、录像带、光碟等影音媒介,卫星电视、电脑、手机等新科技媒介。在大众传播中,传统媒体是一国向国际受众展示国家形象的重要渠道,也是塑造国家形象的重要工具和载体。各国都把传统媒体作为塑造本国形象、宣传本国价值观念的重要工具。例如,美国前总统肯尼迪将美国之音 VOA 比作"政府的一只臂膀",尼克松认为美国之音是美国"官方政策的发言人",里根则把美国之音的首要目标定为"向全世界宣传美国制度比共产主义制度更优越"。英国国家广播电台 BBC 也明确规定要在国际冲突中表明英国官方的立场,从维护英国利益着眼[①]。

---

① 刘继南:《国际传播——现代传播文集》,北京广播学院出版社 2000 年版,第 43 页。

美国和西欧等国家拥有直接服务于对外宣传国家形象的媒体机构。以美国为例,美国历来十分重视自我形象的塑造,塑造的方式之一就是设置对外传播的媒体机构,不间断地宣传美国的价值观念,塑造美国在国际受众中的国家形象。其中,对外广播是美国政府传播信息、宣传美国,并为美国对外政策服务的重要方式。二战期间,罗斯福政府依托战争情报办公室,创建美国之音,宣传美国的生活方式和价值观念。"冷战"开始后,杜鲁门政府设立了国际信息管理局,加强对苏联、东欧的宣传工作,并在国外设立美国图书馆,开设文化和教育交流项目。1950年和1953年,美国政府先后设立了自由欧洲电台和自由电台,通过广播向东欧和苏联进行反共宣传,宣扬西方价值观。"冷战"结束后,美国并没有放松宣传渗透攻势。1996年10月,美国新设立的自由亚洲电台开播,将中国等东亚国家作为其渗透的主要对象国。英国也于1991年成立BBC环球电视公司,开设"BBC世界新闻频道",于1995年1月开播,覆盖欧洲、美洲、亚洲、中东和北非。

中国在国家成立伊始就十分注重国家形象宣传,很早就意识到利用媒体传播国家形象的必要性。中华人民共和国成立开始,中央人民政府新闻总署设立了国际新闻局作为管理对外新闻报道和外国记者工作的领导机构,后来将对外新闻业务划归为新华通讯社,由中共中央宣传部负责掌握全国对外报道的方针,指导对外宣传业务。电视对外宣传起步较晚,1958年中央电视台(时为北京电视台)成立,陆续选送一些反映中国重大政治活动和建设成就的新闻片,航寄给苏联等社会主义国家的电视台。在出版方面,中国最早的对外期刊是1951年创刊的英文期刊《人民中国》。后来为了加强对外文出版发行事业的领导,1963年国务院成立外文出版发行事业局。在广播上,抗美援朝期间,为了配合前线军事斗争的需要,中国对外广播开设了专题节目《对侵略朝鲜美军的专门英语节目》[①]。

利用传统媒体宣传国家形象有以下特点:首先,宣传国家形象的媒体机构都是由政府主导或由政府支持。其次,宣传国家形象的媒体机构都秉持"传播者本位"的思想,往往不注重和研究受众的心理和行为。再次,相对于互联网的传播速度,传统媒体的传播节奏较慢,且传播节奏掌握在媒体机

---

① 张昆:《国家形象传播》,复旦大学出版社2005年版,第28—31页。

构手中,因此对于传播的内容有充足的时间审查和把关,避免出现负面信息。总体而言,传统媒体对国家形象的传播是单向的和可控的。

三、互联网对国家形象的塑造

与传统媒体相比,互联网对国家形象的塑造产生了诸多新的影响。

1. 互联网拓宽了国家对外传播的渠道

过去,传统媒体受地域限制,传播范围非常有限。如今,利用互联网技术,传统媒体生产的内容——广播节目、电视节目、报纸文章、杂志文章等可以通过互联网送达世界各地。国家还可以利用新兴的社交媒体,主动向国际受众介绍本国的情况,展示本国的形象。随着世界网民数量的增长,智能手机的普及,互联网时代下人人都可以利用自己的新媒体账号,成为国家形象传播的使者。同时,移动互联网技术的发展,使得国际受众可以直接通过自己的手机终端,了解其他国家的精神风貌。

2. 互联网降低了塑造国家形象的成本

过去,利用传统媒体对外传播国家形象,需要斥巨资发射或租用卫星传送版面或广播电视节目,还必须在世界各地设立印刷点、转播站等。以广播为例,音质较好的调频广播发射范围小,传播的范围非常有限。发射范围大的短波信号不稳定,收听的效果也差。为了实现广播节目在境外有效落地,过去只能耗费巨资利用短波发射、境外组台、租机转机等手段①。现在,国家不需要耗费力气和资金在国外建立传统媒体站点,因为即便是在本国国内搭建新媒体平台传播国家形象,世界上其他国家的受众只要连接上互联网,就有机会了解该国国家形象。

3. 互联网给国家形象的塑造增加了很多不可控因素

首先,互联网技术的发展大大提高了传播速度。一旦在网络上的一个节点上发布关于国家形象的信息,就有可能迅速在整个网络世界扩散。其次,互联网技术的发展削弱甚至蚕食了传统媒体"把关人"功能,在互联网上传播的关于国家形象的内容往往没有经过严格的内容审查,给谣言提供了

---

① 张昆:《国家形象传播》,复旦大学出版社2005年版,第216页。

新的生存的空间。再次,互联网开放性、匿名性的特征使"网络水军"大肆泛滥,如何回应质疑给国家形象的塑造和维护带来了更多的挑战。

4. 互联网改变了一对多的单向传播模式

国家形象在互联网上的传播呈现出网络传播的模式,增加了国家形象传播的互动性。在这种传播模式下,代表国家形象的政府可以通过开通政府或政府官员的社交媒体账号,在互联网上直接与国际受众进行交流互动,在一定程度上可以避免过去由于传统媒体的把关而造成的对国家形象的误解。

5. 互联网上信息的传播以生活化、网络化的语言为主

互联网上国家形象传播更加注重适应网络的语言环境,用通俗易懂的生活化语言,拉近一国与国际受众的距离。

四、国家形象在互联网上的传播

1. 国家领导人形象的互联网传播

国家领导人的形象是国家形象的一部分,国家最高领导人在国家形象的构建过程中,是一个重要的形象识别符号[①]。国家最高领导人是国家领导层的集中代表,塑造良好的国家领导人形象有利于提升国际受众对一国的好感。

在传统媒体时代,国家领导人向国际受众展示自身形象必须通过传统媒体。各国领导人需要和传统媒体合作,精心策划广播、电视讲话,通过广播、电视等传统媒体,向国际受众展现领导人形象。但在互联网时代,国家领导人及其团队可以通过开通社交媒体如 Twitter、Facebook 等账号,向国际受众发布信息,与国际受众交流。特别是国家领导人在外交活动期间在其访问国的社交媒体上发声,是拉近一国领导人和外国公众距离的简单而有效的途径。这种方式一方面越过了传统媒体作为"把关人"的角色。在互联网出现之前,国外传统媒体报道的框架、报道的内容、报道的语调都不由一国领导人掌控,有可能发生国外媒体恶意歪曲事实、故意扭曲形象的行

---

① 何辉、梁婧等:《中国国家形象的塑造:形式和手段》,载周明伟:《国家形象传播研究论丛》,外文出版社 2008 年版。

为。一国领导人通过传统媒体，很难接收到外国民众最直接、最真实的反馈。一国领导人的形象可能是神秘莫测的模糊形象，也可能是被大众媒介夸大或扭曲的负面形象。第二方面，改变了过去领导人利用传统媒体单向传播的方式，利用互联网增加了领导人与外国受众之间的互动和交流。互联网出现之后，如果一国领导人主动在外国的社交媒体上发声，并且积极回应国际受众在社交媒体上留下的问题，无疑会比传统媒体对其演讲内容的引述更加为国际受众接受。第三方面，在传播口吻上改变了过去严肃、正式的风格，语气更加生活化。如果国家领导人在社交媒体上不再沿用外交辞令，而是如朋友般向国际受众表达问候，这种亲切友好的形象会给国际受众留下深刻的印象，提升国家领导人在国际受众中的影响力。

案例3-1：英国前首相卡梅伦开通新浪微博

2013年11月29日，在英国前首相卡梅伦第二次访问中国前夕，卡梅伦在新浪微博开通了自己的微博账号，以"英国首相"命名。随后，新浪微博为其设置了官方认证。作为欧洲国家中首个开通微博的国家领导人，卡梅伦的第一条微博以中英文结合的方式，语言简单朴实："Hello my friends in China. I'm pleased to have joined Weibo and look forward to visiting China very soon."（中国的朋友们，你们好，我非常高兴能加入微博。期待不久后的访华！）短短一条微博，吸引了不少中国网民的关注。截至12月4日12时，卡梅伦个人微博粉丝超过24万，微博网友转评赞超过15万次。接着，卡梅伦开始为访华预热，在正式访华前夕先后发布了自己在英国参观中国古代绘画的展览、与学习中文的英国学生在唐宁街10号交流的图文并茂的博文。在正式访华期间，卡梅伦的微博账号每天都会发布首相的行程，记录卡梅伦访华的各个重大活动。开通微博账号后，卡梅伦在微博留言里收到了中国网友上万条提问，包括首相个人喜好、首相如何平衡家庭和工作，还有不少网友埋怨英剧《神探夏洛克》更新太慢，联名请愿希望卡梅伦帮忙催促《神探夏洛克》剧组尽早更新剧集。面对林林总总的问题，卡梅伦在微博上用视频方式回答了中国网民提出的部分问题。

卡梅伦选择在受众国开设当地的社交媒体账号,展现出一国领导人大胆、开放、包容的形象。在互联网这种虚拟环境中,传统社会行为规范的约束力减弱甚至消失,网络上尤其是社交媒体上公民的言论很可能肆无忌惮、恶语伤人。在面对可能的语言暴力的情况下,国家领导人选择开设社交媒体账号,接受网友的评论,为国际受众树立了一个勇敢、自信的正面形象。

卡梅伦在社交媒体上回应网友的提问,解答网友关心的问题,展现出一国领导人亲民友好的形象,增强了一国领导人在国际受众心中的魅力,拉近了一国领导人和国际受众之间的距离。在得到卡梅伦的回应之后,许多网友惊叹"没想到能和英国首相说上话",也有网友称赞卡梅伦"十分可爱"。即便是卡梅伦已经卸任英国首相,该微博账号已更新成特丽莎·梅的头像后,仍有很多网友在卡梅伦第一条微博下表达对卡梅伦的怀念。

新媒体技术的发展给予国家领导人和国际受众更多直接交流的机会。这种交流不仅仅是形式,国家领导人如果可以将社交媒体上的民意转化为实际行动,国际受众对国家领导人的好感度会有很大的提升。

2. 国家政策的互联网传播

一个国家执行的对内对外政策是国家形象的重要组成部分。在互联网出现之前,国家政策的传播往往局限于开新闻发布会、与传统媒体的沟通、在传统媒体上投放广告等形式。互联网出现之后,国家政策的推广有了新的阵地。与传统媒体时代相比,国家政策在互联网上的推广显得形式更加活泼和"接地气"。

案例 3-2:中国"十三五"宣传神曲[①]

2015 年 10 月 27 日,正值中共十八届五中全会召开,其间将集中审议"十三五"规划,研究制定有关保持经济增长、转变经济发展方式、调

---

① 方晨堃搜集了本案例的资料。

整优化产业结构、推进扶贫开发等"十大目标任务"。为了让更多国际受众了解中国的"十三五"规划的背景内容、制定人员、制定方式、实施过程和未来发展,新华社在其官方Twitter账号上发布了《十三五之歌》视频,该短片时长3分3秒,用说唱的方式唱出了当下中国最热的"十三五"话题。视频画面采用时下最流行的拼接艺术,短片一开始,欢快的吉他前奏将人带入绿草如茵的乡村。随后,穿花裙子的小熊、闪耀的迪斯科球、乱入的宇航员等一系列色彩鲜艳、时尚感强的元素一一出现。该歌曲由四个长期生活在中国的外国人演唱,用中英文混搭出了类似美国民谣的歌曲。这首歌曲因为简单重复的旋律、朗朗上口的歌词,被不少网友称为"宣传神曲"。

这首"十三五"宣传神曲一改中国宣传片的风格,赢得了国际媒体的好评。《纽约时报》称,长期以来中国坚持用社会主义式的现实主义风格制作宣传片,而这段视频把中国的宣传模式带进了新时代。《赫芬顿邮报》表示,该视频避免了咄咄逼人的宣传和过度的民族主义,中国正在推动国有媒体走向世界,赢得海外民心。《每日电讯报》说,这个视频非常友善,包含了幽默元素,这样的宣传似乎更针对年轻人①。

该神曲反映了互联网时代下中国国家形象传播的新特征。首先,中国注重用国际受众容易理解和接受的方式传播国家的政策方向。整个"十三五"宣传曲的语言是英文,由外国人演唱,歌词浅显易懂,还具有幽默感。其次,中国注重利用国际社交媒体的传播渠道。此次宣传神曲用新华社的Twitter账号上发布,还在YouTube账号上发布。截止到北京时间2015年10月28日21时30分,该歌曲在YouTube上的点击量已经接近70万次②。再次,此次"十三五"宣传神曲在宣传风格上一改往日严肃的政治风格,用平民化的语言,给国际受众耳目一新的感觉。在互联网时代,中国国家形象的传播不再拘泥于直白地讲述中

---

① 樊诗芸:外媒:《"神曲"〈十三五之歌〉将中国的宣传片带进新时代》,澎湃新闻,http://www.thepaper.cn/newsDetail_forward_1390134,2017年6月25日。
② 潘凌飞:《"十三舞"是什么舞?"十三五"神曲爆红网络》,华尔街见闻,http://wallstreetcn.com/node/225342,2017年6月25日。

国的政策，而是主动制作更加适合网络传播的形式，如视频短片、漫画等，增强国际受众对中国的了解。

3. 城市形象的互联网传播

城市形象是国家形象的一部分，独具特色的城市还会成为国家形象的重要代表。一个城市的自然风光由于不具备政治立场上的倾向性，具有普世的美感，更容易被国际受众所接受。传统媒体上的城市形象宣传往往从传播者本位出发，更多地强调自然风光旖旎、城市变化日新月异；而新媒体时代则开始注重考虑受众与城市的关系，关注受众的喜好，强调受众的参与。传统媒体上的城市形象传播形式主要以拍摄城市风光片、纪录片为主，是"我说你听"的单向传播模式；互联网时代则引导受众参与城市形象的传播，充分调动受众的积极性，在传播声势上超越了传统媒体。在城市形象传播中，互联网用户成为免费的传播者，每一个受众的参与为城市形象传播节约了不少成本，同时取得了比传统媒体时代更好的效果。

案例 3-3：大堡礁"世界上最好的工作"

2009年1月9日，澳大利亚昆士兰旅游局网站面向全球发布招聘通告，并为此专门搭建了一个名为"世界上最好的工作"的招聘网站，招聘大堡礁看护员。看护员的基础工作就是喂鱼、保持水池干净、兼职邮差。最重要的工作是探索大堡礁的群岛，并以更新博客和网上相册、上传视频、接受媒体采访等方式向外界展示自己的"探索之旅"。此外，旅游局还会安排岛屿看护员进行一些体验活动，包括体验新式奢华水疗、潜水以及丛林徒步旅行等。同时，这份"世界上最好的工作"还给岛屿看护员免费提供位于大堡礁群岛之一的哈密尔顿岛上的奢华海景房，这套海景房拥有3间宽敞的卧室、2个洗手间、全套设备的厨房、娱乐系统等。岛屿看护员还能享受私人泳池、日光浴室、大观景阳台以及户外烧烤设施等。进行岛上巡视时，岛屿看护员则可以驾驶配给他的一辆小高尔夫球车。这份工作为期六个月，不仅可以尽情体验大堡礁的美，还可以得到15万澳元(约70万人民币)的薪酬。因为丰富有趣的工作内容和价值丰厚的薪水待遇,该网站在短短几天时间就吸引了超过30万人访问①。这份面向全世界招聘的工作也在全球刮起了应聘热潮,美国《纽约时报》、英国《独立报》等都对这份"世界上最好的工作"进行了报道。据昆士兰旅游局数据,截止到2009年1月16日报名开始后一周,这份工作已经收到来自119个国家和地区的4 000份申请②。

借助网络新媒体,城市形象的传播具有以下优势。

首先,相比过去耗费巨资拍摄制作城市风光宣传片,新媒体时代下城市形象的传播成本更低。在本案例中,大堡礁"世界上最好的工作"的传播由澳大利亚昆士兰旅游局主导,但是让这项活动大规模的曝光的却是一个个网民。这些网民动手转发这项活动,虽然每一个网民转发一次的成本很低,但是这种在互联网上传播的方式却为昆士兰旅游局创造了8 000万美元的媒体曝光价值③。

其次,城市形象的传播更加注重激发用户的主观能动性,鼓励用户创造内容。在本案例中,所有参与申请的候选人都必须上传视频,展示自己胜任这份工作的理由。这次活动吸引了超过3.5万名申请人,每一位申请人在互联网上创造的新内容都进一步丰富了此次城市形象宣传的内容,助力这次大堡礁的形象宣传。

最后,互联网时代下的城市形象传播摒弃了"传播者本位"的思想,注重从用户的角度传播城市风光。此次活动并没有像传统媒体时代的城市形象传播强调城市风格秀丽,而是强调"你"(用户)去探索、去发现大堡礁的精彩。最终被选中的岛屿看护员称,他每天都在体验不同的项目,做不同的工作,每天都要想办法用不同的形式向外界展示大堡礁的美。这位被选中的

---

① 林景新:《大堡礁全球推广的绝妙策划》,和讯网,http://funds.hexun.com/2009-05-22/117940064.html,2017年5月1日。
② 徐惠芬:《"世界上最好的工作"全球招人》,新华网,http://news.sina.com.cn/w/2009-01-20/022215058336s.shtml,2017年5月1日。
③ 同上。

普通人成为澳大利亚大堡礁宣传的主力。

互联网时代的国家形象传播更加强调和国际受众的互动,利用每一个受众的力量,节约了传统媒体时代国家形象传播的成本。但是受众关于国家形象不实的言论也会成为影响国家形象的重要威胁,而为了应对和管理这些歪曲事实、恶意中伤国家形象的言论,国家必须付出更加高昂的成本。互联网时代的国家形象传播形式和手段更加丰富,越来越多的传播方式采用平民化的语言、娱乐化的内容吸引国际受众,可以拉近与国际受众的距离,增加国际受众的好感,但是过于娱乐化的内容,也会损害国家形象在国际受众心中的权威性和公信力,给国家形象塑造带来负面影响。互联网技术的发展给国家形象的传播带来了新的契机,国家形象传播可以从受众的角度出发,构建既符合国家利益又符合国际受众需求的国家形象。

第二节　互联网时代的公共外交

"公共外交"由1965年美国塔夫斯大学(Tufts University)弗莱彻法律与外交学院院长埃德蒙·格里恩(Edmund Gullion)首次使用,他将"公共外交"界定为:超越传统外交范围以外国际关系的一个层面,它包括一个政府在其他国家境内培植舆论,该国国内的利益集团与另一国内的利益团体在政府体制以外的相互影响,以通讯信息报道为职业的人如外交官和记者之间的沟通联系,以及通过这种过程对政策制定以及涉外事务处理造成影响[①]。与传统政府间的外交不一样的是,公共外交是指国与国政府之外的组织和团体进行互相交往互动的行为。以往的公共外交被认为是传统外交的一种补充,担当一些政府不宜也不必承担的外交事务。但随着近年来全球化进程的加速,企业、非政府组织、各团体甚至个人都已经具备了强大的表达和行动能力,也有了公共外交的意识,所以公共外交日益显示出自己独立的价值和追求。

[①] Harold Nicolson, *Diplomacy*, Georgetown University Press, 1988.

一、公共外交与软实力

公共外交的努力在很大程度上是改变另一国政治生态的做法,通过塑造有利于自己的政治生态,促进有利于自己的政策产出①。首先,公共外交的行为对象是其他国家的公众,影响的是对方国家公众对自己国家的态度和偏好,提升自己国家在对方国家公众心目中的形象,为自己的对外政策塑造良好的环境。其次,公共外交的行为背后有一定的政府意志,如果纯粹的企业贸易往来、学术交流、个人旅游等只能算民间交往,公共外交具有一定的国家意志,目的是影响他国的公共舆论。再次,公共外交往往通过非政府组织、社会团体和公民个人来实施。

公共外交和软实力(soft power)概念的提出和流行紧紧联系在一起。"软实力"(或软权力)概念最早是由美国哈佛大学教授约瑟夫·奈提出来的。他认为,"一个国家有可能在国际政治中获得其所期望的结果,是因为其他国家仰慕其价值观,模仿其榜样,渴望达到其繁荣和开放的水平,从而愿跟随其后。就此而言,除了靠军事力量或者经济制裁胁迫他人改变外,在国际政治中设立议程并吸引他国也十分重要。……软力量是一种能够影响他人喜好的能力"②。硬实力和软实力相辅相成。硬实力往往运用强制和威胁改变他国政策、服从自己。软实力强调与人们合作而不是强迫人们服从你的意志。软实力是一国的政治制度、价值观对其他国家公众的吸引力、亲和力和影响力。公共外交提升的就是软实力。

目前公共外交在现代外交政策体系中的地位越来越重要,被视为在其他国家培育信任和理解的重要工具。前英国驻欧盟常任代表迈克尔·巴特勒(Michael Butler)直言不讳地指出:"公共外交的目的是影响目标国家的舆论,使其顺应英国政府的期望,使英国公司或其他英国机构获取利益。"③中

---

① 赵可金:《美国公共外交的兴起》,《复旦学报》2003年第3期,第88页。
② [美]约瑟夫·奈:《软力量:世界政坛的成功之道》,吴晓辉、钱程译,东方出版社2005年版,第5页。
③ UK British Council, "Public Diplomacy Strategy", http://www.ukinbangladesh.org/pds2001.doc.

国、美国、法国、英国、加拿大、日本、韩国等国家都把公共外交作为外交政策中不可或缺的一部分。许多政府把公共外交视作一种抬高本国国际声望的媒介,期望国家地位产生重大改变①。利用公共外交在国际舞台上展现自己的存在,是这些国家的基本对外战略模式。

信息和文化的交流对公共外交非常重要。在"冷战"中,苏联和美国各自建立了强大的对外传播系统,通过书籍、期刊、报纸、广播、电视和电影这些媒体向对方公众播送有利于己方意识形态和国家利益的消息。在信息传播方式发生巨大变革的今天,通过传统媒体进行公共外交虽然仍很重要,但显然不能涵盖对象国的大部分人群。越来越多的人运用互联网来获取信息、进行交流,因此互联网成为公共外交新的交流工具,公共外交也因为互联网的普及进行了创新。例如在"中法文化年"活动中,互联网发挥了快捷和互动性比较好的优势,中法两国都在国内主流网站上设置了专题,大量网民积极参与互动,取得了良好效果。新浪网设立了"中法文化年"活动官方中文网站,央视国际网站在文化频道开辟了"中法文化年"专题,综合运用文字、图片、音频、视频、动画、在线互动等多种传播技术手段,详细介绍从官方组织机构运作、艺术活动、民间交流到文化背景资料等方方面面的情况,同时将央视播出的相关节目进行多文本运用,组合到网络多媒体中来,增强了传播的立体感和效果。新华网、人民网等其他主流网站以及各地方主要网站均参与了这次活动的宣传和报道②。

二、社交媒体时代的公共外交

随着社交媒体的崛起,美国率先提出了"公共外交 2.0"时代③。公共外交 2.0 意在以社交媒体为主要工具和渠道,吸引外国公众,增强本国的吸引力、亲和力和影响力。

---

① 唐小松:《公共外交:信息时代的国家战略工具》,《东南亚研究》2004 年第 6 期,第 60—63 页。
② 桑颖:《试析互联网在公共外交中的作用》,《学理论》2009 年第 9 期,第 189 页。
③ 叶靓、邵育群:《美国公共外交 2.0 的现状和趋势》,《当代世界》2010 年第 3 期,第 37—39 页。

利用社交媒体来扩大影响力的公共外交,其特点有三。第一,吸引更多的年轻人。目前全世界社交媒体的活跃用户以年轻人为主,而这部分人是各国公共外交争取的目标受众。《南方周末》曾调查过日本大使馆微博粉丝的职业分布,其中比例最高的为学生,超过35%,其次是商业人员、科技人员、媒体人、海外华人、学者和公务人员①。

第二,公共外交通过社交媒体,可以把信息直接传达给目标受众,无需经过传统媒体的过滤。正如法国的一位外交官所描述的:"微博无需中介,直达最终用户——中国民众。"②2011年,中国微博成为最流行的社交媒体平台后,一批外国驻华大使馆开设的微博如雨后春笋般蔓延开来,其中典型的有美国驻华大使馆、日本驻华大使馆、法国驻华使馆、英国驻华使馆、丹麦驻华大使馆等,这些外国使馆开设微博的目的就是和中国公众直接对话和交流,更直接地开展公共外交工作。

第三,使用社交媒体能与目标受众进行互动,更好地了解目标国受众的想法。澳大利亚前总理陆克文是一个中国通,他在新浪开设微博后,粉丝数在很短时间内就涨到50万,而他也积极在微博上与粉丝进行互动,回答粉丝关于澳大利亚和国际关系的问题。他在每条微博后都署名"老陆",增加了他在中国网民中的亲和力。

> **案例3-4:美国社交媒体外交的运行机制**
>
> 美国社交媒体外交的核心使命就是维护和宣扬美国价值观,以增进美国的国家利益。在《2015财年的国会预算论证报告》中,美国国际信息局申请多达700万美元的额外资金,用于加强对战略重点地区和国家的接触③。美国负责公共外交的前副国务卿朱迪思·麦克黑尔(Judith McHale)将社交媒体形容为公共外交的"规则改变者"(game

---

① 秦轩:《驻华使馆开微博:把外交做到中国人指尖》,《南方周末》2011年4月1日。

② 章洽泽、朱思颖:《新媒体时代的新公共外交》,http://media.people.com.cn/n/2012/1106/c150615-19514642.html_ftn4,2017年3月2日。

③ State Department,"Congressional Budget Justification FY 2015",Washington,DC,2014,p.174.

changer),其继任者塔拉·索南沙因(Tara Sonenshine)更是将社交媒体的兴起和工业革命相比较①。

(1)美国社交媒体外交的运行机构

美国国务院的国际信息局是负责向全世界"传播美国"的重要部门,承担着"以多种形式向国外公众传播美国对外政策、社会与价值观有关的各类信息,帮助读者更好地了解美国,促进思想和文化交流,建立和维持美国的国际声誉"②的职责。国际信息局的传播手段包括从平面印刷到互联网等多种形式。

"9·11"事件之后,小布什政府提出了"高效公共外交"(effective public diplomacy)的概念——一种区别于以往的、更为全面的外交手段,希望以此赢得民心,消除恐怖主义产生的根源。在公共外交重新得到美国决策层重视的同时,互联网的发展及社交媒体等的普及是影响国际信息局演变的另一个重要因素。在美国政府对社交媒体等新型外交工具的重视和投入的背景下,国际信息局的资金显著增长。从2008年到2010年,其预算增加了近一倍,超过了一亿美元。尽管2008年金融危机后美国经济形势欠佳,联邦预算逐步削减,但美国对国际信息局的资金投入依旧保持增长态势。

在美国国务院现有的组织架构中,国际信息局、公共事务局以及教育和文化事务局由一位负责公共外交和公共事务的副国务卿负责。国际信息局的主要职责包括:社交媒体外交的运作、大使馆网站的维护、"美国空间"(American Spaces)的推广,以及美国演讲者/专家项目的组织等③。作为这些社交媒体账号的"中枢神经",国际信息局每日会将各

---

① Andrea Sandre, "Twitter for Diplomats", *DiploFoundation and Institute Diplomatico*, 2013, p. 57, retrieved from http://issuu.com/diplo/docs/twitter_for_diplomats. 2017-5-1.

② State Department, "Bureau of International Information Programs", http://www.state.gov/r/iip/, 2017-4-5.

③ State Department, "IIP Snapshot", 2009, retrieved from www.state.gov/documents/organization/120493.pdf, 2017-7-1.

种精选的公共外交信息源推送给各驻外机构。同时,各驻外机构会根据其目标用户的特点,生成并发布符合当地用户兴趣的信息。

(2) 美国社交媒体外交的运行机制

美国社交媒体外交的运作机制划分为六大组成部分:

一是以国务卿及其负责政策规划的高层为主体的"战略制高点"。其主要职责是确保国务院社交媒体外交在整个科层体系的战略筹划和有效实施。美国社交媒体外交的开展是典型的自上而下的顶层设计。

二是以国际信息局和公共事务局为代表的社交媒体外交"运作核心"。它们的主要职责为社交媒体外交的日常运作。除了国际信息局和大使馆社交媒体团队外,公共事务局的电子沟通中心(Digital Communication Center)承担着国务院开设的官方社交媒体账号的日常运作。而公共事务局下属的快速反应组(Rapid Response Unit)每日下午会为国务院提供全球社交媒体的最新动向。同时,国务院的其他分支也建设并维护着本机构的社交媒体账号。

三是以负责公共外交及公共事务的副国务卿为代表的"中间线"(中层管理人员)①。其主要任务是利用在制度框架内的合法权限,成为"战略制高点"和"运作核心"间沟通的桥梁。

四是以公共外交及公共事务暨政策及计划资讯处、外交人员培训学院、领导管理处为重点的社交媒体外交"技术结构"。上述机构并不直接参与社交媒体外交的运作,却是幕后的设计者、规划者或培训者。

五是以电子外交办公室,民主、人权和劳工事务局和独立运作的美国公共外交咨询委员会为基础的社交媒体外交"支持部门"。它们处于

---

① 虽然"中间线"对美国社交媒体外交的产出标准化起到了推动作用,但它在美国社交媒体外交中起到的作用相对较弱。主要原因为相关管理岗位的频繁更迭和空缺,以致"中间线"的领导力受到影响。同时,下文提到的强调自主性的"灵活型结构"也会限制"中间线"的运作空间和权力。相关内容参见 United States Government Accountability Office, "U. S. Public Diplomacy: Key Issues for Congressional Oversight", *Report to Congressional Committees*, Washington, DC, 2009, pp. 21-24。

社交媒体外交的组织框架外,为社交媒体外交提供外部的支持和保障。

六是以"21世纪外交方略"和"互联网自由"为主体的社交媒体外交的意识形态。它们是社交媒体外交的理论支撑。"21世纪外交方略"的提出可以被理解为针对国务院内部的保守力量,将社交媒体提升到战略高度的举措。而"互联网自由"的主要目标则是国外政府和民众,其目的是从价值观高度否定他国政府采取的社交媒体的审查和监管措施,克服美国推行社交媒体外交在目标国的政策障碍。

(3) 美国社交媒体外交的运作策略

首先,美国社交媒体外交的运作注重本土化实践和全球化整合的平衡。一方面,美国社交媒体外交在实践中十分重视本土化,以更好地融入当地的话语体系。事实上,国际信息局弱化安全审查,坚持灵活型结构,除了实时沟通的需要外,也包含本土化的考虑。鉴于世界各地的民情差异很大,确保大使馆有权发布自身量身定制的宣传内容是实现本土化的必要保证。在强调本土化的策略下,美国各大使馆的Facebook主页具有很大的区别。以2014年国际妇女节的发帖为例,美国粉丝数最多的五个使领馆Facebook账户采取了完全不同的发帖内容。美国驻巴基斯坦大使馆分享了大使理查德·奥尔森(Richard Olson)节日致辞的音频文件;美国驻巴基斯坦拉合尔总领事馆上传了负责全球妇女事务的大使(Ambassador-at-Large for Global Women's Issues)凯瑟琳·罗素(Catherine Russell)对巴斯斯坦女性的祝福视频;美国驻埃及大使馆提醒粉丝不要忘记参加大使馆主办的国际妇女节专题讨论;美国驻孟加拉大使馆发布了一张孟加拉国锡尔赫特市"美国空间"的照片,照片上十几个当地的孩子手举着自己画的"我心目中最美的女人";而美国驻印度尼西亚大使馆则用印尼语谈到49%的印尼网民是女性,并鼓励粉丝写下自己心目中改变了印尼的女人。

另一方面,国际信息局指导下的实践并不是各个大使馆的独立运作,而是寻求本土化实践和全球化整合的平衡。全球化整合的核心为知识管理。作为管理学中的重要概念,知识管理是指将散布在全球各地的关于社交媒体外交的碎片化知识、灵感和经验进行分享和整合,在形成一个庞大、系统的"知识库"(knowledge stock)后,再将汇总的知识回馈到系统中的个体①。基于此理念,国际信息局创建了"社交媒体中心"。这个国务院内部网站汇集了美国社交媒体外交全球范围内最成功的实践。

其次,美国社交媒体外交注重全面覆盖和重点突破相结合。一方面,美国社交媒体外交开设的账号覆盖到全世界的各个角落,甚至包括太平洋上的许多岛国。全面覆盖的社交媒体网络使得美国可以影响一个庞大而又多样化的群体。

另一方面,国际信息局的实践又体现为重点突破的运作策略。美国社交媒体外交的重点目标包括巴基斯坦、孟加拉国、伊拉克、利比亚、塞尔维亚等,这些国家的Facebook月活跃用户数均相对有限,但国务院在当地开设的Facebook账户却拥有可观的粉丝数量。例如,巴基斯坦在Facebook上的月活跃用户约为1400万左右,而美国驻巴基斯坦的四个使领馆却拥有大约290万的Facebook粉丝。相较之下,美国在欧洲虽然开设了数量庞大的Facebook账户,但这些账户的粉丝数普遍很低。例如,法国在Facebook上的月活跃用户数大约为3000万人,远超过巴基斯坦,但美国驻法国大使馆的Facebook账户仅有5万多名粉丝。

国际信息局的实践证明社交媒体在公共外交领域具有很大的潜力。它在一定程度上实现了和国外公众,尤其是年轻群体进行双向沟通的可能,以及维护和宣扬美国价值观的核心使命。国际信息局的实践证明:社交媒体外交不是雇佣一两个年轻员工、创建三五个账户就可以做好的,政府只有从文化构建、机制探索、人力培训到资金保障进行全方位、多层次的投入,才可能在社交媒体外交这一新兴领域取得成功。

---

① Maryam Alavi & Dorothy E. Leidner, "Review: Knowledge management and knowledge management systems: Conceptual foundations and research issues", *MIS quarterly*, 2001, 25(1), pp. 110-111.

本章小结

1. 国家形象包括三个方面：国家客观存在的国家真实状况、媒体建构出的国家形象和受众对国家的主观认识。
2. 与传统媒体相比，互联网拓宽了一国对外传播的渠道，降低了一国塑造国家形象的成本，给国家形象的塑造增加了很多不可控的因素，改变了国家形象在传统媒体时代一对多的单向传播模式。
3. 互联网上传播的国家形象类型包括：国家领导人形象的互联网传播，国家政策的互联网传播，城市形象的互联网传播。
4. 公共外交2.0意在以社交媒体为主要工具和渠道，吸引外国公众，增强本国的吸引力、亲和力和影响力。利用社交媒体来扩大影响力的公共外交，能吸引更多的年轻人，把信息直接传达给目标受众，无需经过传统媒体的过滤，同时能与目标受众进行互动，更好地了解目标国受众的想法。

第四章

互联网经济与全球传播

2016年,在零售领域全球有两家公司的财年交易额达到3万亿元人民币,其中一个是成立半个世纪已久的传统零售领域领军者——沃尔玛,另外一个就是阿里巴巴——这个诞生在互联网时代的后起之秀用了十年的时间达到了与前者相当的巨额交易规模。电子商务的迅猛发展成功地将全球过亿的商家和消费者连接在一起,赋予电子支付、现代物流体系、金融等领域蓬勃的生长力。互联网与传统企业的内部网络深度结合,对企业制造、运输、金融服务等"旧经济"商业活动进行改造。全球制造业、教育行业、医疗行业、媒体行业、金融行业等众多产业都被移动互联网这张庞大的网渗透,变得焕然一新。

在互联网时代,"以消费者为中心"的理念普遍受到业界和学界的认同。工业时代的"大生产+大流通+大品牌+大物流"线性集中的生产模式都将重组,朝向分布式、去中心化、协同合作的模式迈进。新的经济形态和经济热点随之汹涌而来,社群经济和粉丝经济的兴起让市场被不断细分;运营手段和商业逻辑改头换面;网红经济的兴起凸显草根的作用;更有效率的分享经济模式打开了市场的一个缺口。不可否认,互联网对于经济的改造是一场正在进行的革命,从第三产业到第一、第二产业,从"旧经济"到"新经济"。

本章首先探讨互联网对全球经济的宏观影响,包括信息产业对全球知识社会产生了什么样的影响,互联网与全球数据流、资金流和物流之间的关系;其次描述了互联网经济的新形态;最后介绍跨国公司是如何在互联网上进行全球营销的。

… 第四章 互联网经济与全球传播

第一节 互联网对全球经济的宏观影响

20 世纪 70 年代,现代科学技术的不断发展在美国掀起了知识革命和信息革命的浪潮。高科技产业快速发展,知识产业比例上升,知识劳动者比例上升,知识和技术对经济增长的贡献率上升,发达工业国家不断调整产业发展政策,社会形态也逐渐发生了变化。

一、后工业化社会、信息社会和知识社会

美国社会学家丹尼尔·贝尔认为,"智力技术"出现,社会转变为以信息为基础,区别于之前的两个阶段——以生产率低下的采掘业为主的前工业化社会和以人与机器为中心的、依赖能源生产的工业化社会[①]。20 世纪下半叶,发达国家明显走进第三个阶段——后工业化社会。

贝尔认为,美国社会从工业社会走向后工业社会的过程中实现了三个重要的转变:一是"轴心原则"的转变:社会活动从以经济增长为中心转变为以系统的理论知识为中心,社会对科学日益增长的依赖性。二是阶级结构的转变:以科学家和工程师为核心的"新阶级"——技术和专业人员阶级在壮大。最后一个经济形态的转变表现在商品制造经济向服务经济的转变。丹尼尔认为,经济形态的转变主要体现有两个主要指标,一是三大产业的劳动力比重和三大产业的产值对比,美国在服务部门的就业的劳动力已经超过就业总数的一半,达到 60%,服务部门的产值也已经超过国民生产总值的半数。二是就业方式的变化,美国已经成为一个"白领社会"。1956 年,美国白领工人的总数第一次超过蓝领工人[②]。

在后工业化时代来临之际,信息社会和知识社会的概念也随之出现,两者都强调信息和知识是社会的关键生产力要素。20 世纪 70 年代后期,西

---

① 丹尼尔·贝尔:《后工业时代的来临》,科学普及出版社 1985 年版,第 6 页。
② 同上。

方社会普遍使用"信息社会"和"信息化"。从生产力的角度看，人类从农业社会、工业社会进入到信息社会。在农业社会和工业社会中，物质和能源是主要资源，所从事的是大规模的物质生产。而在信息社会中，信息成为比物质和能源更为重要的资源，以开发和利用信息资源为目的的信息经济活动迅速扩大，逐渐取代工业生产活动成为国民经济活动的主要内容。信息社会中，智能工具的广泛使用进一步提高了整个社会的劳动生产率，物质生产部门效率的提高进一步加快了整个产业结构向服务型转型。另外，信息技术革命催生了一大批新兴产业，信息产业迅速发展壮大，信息部门产值在全社会总产值中的比重不断上升。

不同于信息社会强调信息技术对社会的变革，知识社会以知识和创新为核心，包含更多社会、伦理和政治方面的内容，社会信息仅仅是实现知识社会的手段。1968年美国管理学家彼得·德鲁克首先使用知识社会的概念，并指出知识是现代社会的中心以及经济和社会行为的基础。1996年经济合作与发展组织（OECD）发表《以知识为基础的经济》一文指出，20世纪90年代初知识已经很明显成为OECD成员国和世界其他国家经济发展的最关键因素。科学技术在恢复经济中的重要性与日俱增。OECD指出，面对经济低迷以及战后压力，OECD成员国的科技研究和开发的经费在下降，仅1990—1993年成员国的研发经费平均下降0.2个百分点。日本尽管在20世纪八九十年代也处于经济大幅下滑的趋势，但是研发费用中政府投入仍然占比60%，其中商业领域的研发费用在整个研发费用占比中高达67%。1993年OECD成员国的商业领域研发费用的2/3投入在高新技术产业。与高新技术结合的制造业从1970年年初成为出口贸易的最大获益者，吸纳了众多劳动力，并且生产率取得最快增长，另外平均薪资高于行业平均水平。80年代中期，服务业的研发费用在被调查的成员国中超过高新技术制造业。服务业的研发费用在1996年左右保持在25%以上的占比①。

知识经济对于市场中商品结构、国家经济结构和世界贸易结构产生了

---

① Organization for Economic Co-operation and Development（OEDC），*1996 Science，Technology，and Industry Outlook*，oedc.org，1996.

重大影响。从生产的角度而言,知识和劳动力之间的结合更紧密了。从消费的角度而言,社会对于知识价值的消费不断增加了。

二、信息社会与经济全球化

在互联网崛起的同时,经济全球化也经历着日新月异的变化。通过贸易、资金流动、技术创新、信息网络和文化交流而形成的经济全球化,使世界各国经济在全球范围内高度融合,各国经济通过不断增长的各类商品和劳务的广泛输送,通过国际资金的流动,通过技术更快更广泛的创新和传播,形成相互依赖的关系。如果以往经济全球化的重点在物质产业和动能产业的话,始发于20世纪80年代末90年代初的新一轮经济全球化更加突出信息交换的内涵与性质。信息成为协调多方利益、融合各种交流与交换的中间力量,这种力量协调组织了经济全球化这个错综复杂的交换系统。

信息产业扩大了经济活动范围。开放的国家和地区增加,越来越多的地区性的经济活动被纳入全球范围。从经济全球化的动因来说,信息网络加速了经济全球化进程。经济全球化的研究专家戴维·赫尔德(David Held)认为,经济全球化是社会联系和交易的空间组织结构转变所产生的跨地区的流动和活动,以及这种转变所形成的相互作用和相互影响的网络[①]。从全球贸易的成本结构上来说,信息产业的发展降低了信息成本,从过去依赖电话的昂贵的沟通成本到不断下降的移动电话费用,到现在免费的WIFI通话,计算机的信息处理效率和能力提高的同时,全球通信成本在大幅下降。全球通信系统效率的提高增加了全球的联系,全球的消费需求增加,跨国的商品、信息、资本和劳动力等经济要素加速了全球化进程。另外,互联网金融等新兴行业的兴起要求信息等生产要素的全球化,因此建立一个全球化的信息网络成为这些行业发展过程中至关重要的一环。

---

① 郑英隆:《信息产业的全球一体化发展研究》,经济科学出版社2006年版,第7页。

三、互联网与全球数据流、资金流和物流

互联网的出现加速了全球化信息网络的构建。20世纪90年代以来,越来越便捷的信息和通信技术使得全球生产活动通过网络连接成一个整体,实现了全球化的分工生产。互联网的出现更是影响了全球的数据流、资金流和物流。

1. 互联网影响了全球的数据流

在大数据时代,线上数据通过互联网记录在案,线下的数据通过传感器被数字化后传到互联网。互联网公司在数量和业务上的井喷使得数据呈现出指数型的积累。而无论是已经与互联网结合的传统产业公司还是新兴的互联网公司,互联网能够扩大其业务范围,并且在开展业务的同时,帮助企业快速实现全球数据和信息的采集。例如宜家和Facebook通过网络连接了全球亿万用户,完成全球用户个人信息等众多信息的记录。对于企业而言,互联网不仅通过数据的快速传输使得企业内部、企业与企业之间、用户与用户之间的沟通更加高效,还能通过记录用户数据帮助企业完成各地区的用户研究、产品的迭代升级,扩大全球业务,让服务更加精准化。对于全球经济而言,数据资源的积累和共享能够帮助提升企业运转的效率,例如众多开源社区的信息共享,极大地帮助全球开发者提升开发效率;云计算和云盘的服务帮助全球企业节约成本,提升工作效率。全球数据的积累能够最大化降低全球信息沟通的成本,实现全球资源合理配置等,帮助解决全球经济问题。

2. 互联网影响了全球的资金流

从跨国企业的资金来源来看,资金流一部分来自融资,一部分来自收入。从融资的角度来说,目前跨国公司的投资方越来越国际化,例如中国20世纪90年代最早成立的一批互联网公司腾讯和阿里接受了来自美国IDG资本和日本软银的投资。从收入的角度来看,互联网行业内的企业,尤其是C2C(生产消费品)的企业,由于互联网跨越了国界,消费者能够跨国浏览商品,实现跨境购物,帮助企业打破了销售的地域限制,拓展了全球业务和收入来源。从资金的使用情况上来看,电子支付的兴起帮助以跨境电商

为代表的跨国公司在全球开展业务。企业以往获取利润的产品或者服务面对扁平快的互联网不得不降低价格甚至是免费,尤其在互联网初期网络法律不够完善、盗版业务猖獗的时候,企业面临的传播革命让其不得不考虑转型,或者调整企业维持生计的主营业务。以两家传统DVD租赁公司为例。1989年开设第一家店的英国DVD租赁连锁运营商Blockbuster在2013年宣布破产。尽管已经发展成为拥有528家连锁店、4 190名员工的巨头,Blockbuster仍然被互联网时代发展的流视频技术和视频网站挤占市场,最终申请破产。另外一家1997年成立于美国加利福利亚州的DVD租赁公司Netflix主打线上服务,并不断推进推荐引擎的发展,优化视频推荐服务。在视频网站接二连三出现之时,Netflix通过开展会员服务、推进流视频技术以及积极上线APP Store移动端应用等动作,顺应了互联网背景下用户观影习惯和需求,成功实现转型。根据Netflix在2015年年初发布的年度报告,其公司已在将近50个国家中拥有超过5 700万用户。从Netflix 2015年的年报中可见,国内外流视频会员的收入增加已经成为推动其2013年、2014年净利润分别实现555%、137%增长的主要动力[①]。

3. 互联网背景下飞速发展的电子商务等市场业务给现代物流提出了更高要求

全球化时代需要更加高效、更加自动化和规范化的物流系统。现在亚马逊在全球13个国家共有50个大仓库,每天为1 950万个以上的客户提供商品。多种配送方式组合的物流网末端协同战术,随同开放、透明、共享的大数据协同平台,以及仓配网络智能协同的合作都会是未来物流行业的发力点。

第二节 互联网经济新形态

在互联网崛起后,这种新经济有什么新特点和新模式?

---

① Netflix Inc, *2015 Annual Report*, http://files.shareholder.com/downloads/NFLX/5267367062x0x905148/A368EB08-AAAC-40BB-9F64-84F277F99ADE/2015_Annual_Report.pdf, 2017-2-12.

一、互联网经济的特点

1. 零边际成本

美国前财政部部长劳伦斯·萨默斯(Lawrence H. Summers)和加州大学伯克利分校经济学教授 J. 布拉福德·德朗(J. Bradford DeLong)在2001年8月堪萨斯市联邦储备银行的座谈会上联名发表了题为"信息时代的经济政策"的报告。座谈会上资本主义制度的窘境被重新审视：新的信息技术和互联网通信革命可能使资本主义在未来几十年迎来近乎零边际成本的时代。长期以来，被认为是推动经济活动组织效率的最佳机制的资本主义模式遭到攻击[1]。所谓零边际成本指的是技术不断地创新，将会把生产率推向一个极限。在这种生产率达到理论的最高点时，如果不考虑生产过程中的固定成本，生产每一个新产品的额外成本接近于零。而一直被经济学家认可的是，最有效的经济模式就是消费者只需承担所购物品的边际成本，但在生产率达到最高、边际成本接近零的时候，如果消费者只支付边际成本，商家将无法收回其投资，无法获得满意的利润。

在互联网时代，信息的可重复使用，近乎零的成本，已经使一些零边际成本的市场涌现。这种情况将会驱使卖家争取市场份额建立垄断，争取以高于边际成本的价格出售商品，阻碍市场或服务达到近乎免费的模式。另外一种模式是已经成功获得优势地位的卖家会在提供近乎免费的商品和服务的同时，通过其他利润可观的商品或者服务盈利。

2. 协同共享

互联网经济中的协同共享模式并不强调对商品的所有权而是强调使用权。类似的模式在历史中也存在过，但是当下的协同共享模式由全球性的高科技平台创造，其根本特点在于运营原则与核心价值。通信互联网、能源互联网和物流互联网组成了有机整体，通过传感器和软件将世界上的所有人和物都连接起来，把经济活动和社会活动都连接起来，通过记录和运用各

---

[1] 杰里米·里夫金：《零边际成本社会》，中信出版社2014年版，第7页。

个网络节点产生的大数据,实现全球网络最大效率的运转。在互联网经济中,每个人都是有能力的生产者和消费者。生产者和消费者的结合体在协同共享的模式下制造并分享自己的信息、娱乐、绿色能源、慕课、汽车、房屋,进行商品和服务的交易,以获得利润。

在第一次工业革命和第二次工业革命中,自上而下的管理是最有效的方式,但是自从第三次工业革命以来,互联网基础设施架构的是开放、分散、点对点的网络平台,减少了耗费成本的中间环节。协同共享是互联网经济呈现出的一种新特点。

二、互联网经济的新模式

互联网影响了全球的数据流、资金流和物流。互联网所具有的网络结构和信息流通方式体现在互联网经济的新形态中。相比传统的经济形态,互联网经济产生了诸多新的模式,如电子商务、P2P业务、众筹和第三方支付等。

1. 电子商务

全球在线和移动用户的迅速膨胀,商业销售的增长,先进的物流和支付手段,以及著名电子商务网站的国际扩张,都促进了全球电子商务交易额的快速增长。根据市场调研机构 eMarketer 的 2016 年 8 月的最新报告显示,2016 年全球零售业的总销售额将达到 22.049 万亿美元,同比 2015 年同期迎来 6% 的上涨。尽管这一产业的年度增速有所放缓,但 eMarketer 依旧预计全球零售业总销售额会在 2020 年达到 27 万亿美元。eMarketer 同时表示,到 2020 年全球在线电商的零售额将达到 4.058 万亿美元,约占总零售额的 14.6%[①]。在未来的几年内国际性零售商巨头公司在新兴市场的扩张,移动电子商务的进一步发展,新配送和支付方式的应用,将进一步成为未来电子商务发展的巨大引擎。

全球 B2C 电子商务市场大致可以分成北美、亚太、西欧、中东欧、拉丁

---

① eMarketer, "Worldwide Retail Ecommerce Sales: TheeMarketer Forecast for 2016", https://www.emarketer.com/Report/Worldwide-Retail-Ecommerce-Sales-eMarketer-Forecast-2016/2001849,2016-8-16.

美洲、中东和非洲几大区域。其中亚太地区成为全球各地区B2C电子商务最大消费市场,北美市场位居第二,然后依次是西欧、中东欧、拉丁美洲。根据调研公司A. T. Kearney针对2015年的全球零售电商报告来看,根据网络市场大小,2015年全球十大电商市场依次为:中国、美国、英国、日本、德国、法国、韩国、俄罗斯、巴西、意大利①。而直到2014年6月,美国还是世界最大的在线零售市场和B2B市场,占据全球电子商务市场首位、市场份额的30%以上。从20世纪90年代开始美国政府积极推动数字社会,电子商务因此得到政策上的高度重视,在基础设施方面和税收政策和市场环境方面都具有很大优势,加上美国几乎垄断的信息科技让美国在第三次科技革命中独占鳌头,一半的企业都开始进行网购,一半的美国电子商户都从国外接受订单②。但是根据eMarkerter的数据,亚太地区已经成为全球最大的零售市场,尤其是中国电子商务市场的强势发展,直接带动了亚太和全球电子商务交易额的高速提升。尽管发展中国家在信息技术、政策法规、市场发展上不及发达国家,但是互联网发展带动的信息经济确实给起步中的发展中国家一个弯道超车的机会。

案例4-1:阿里巴巴

  在中国电子商务平台中发展最快、最令世界瞩目的是2016年线上交易规模与传统零售点巨头沃尔玛相持平的阿里巴巴。阿里巴巴旗下的淘宝网成立于2003年,是阿里巴巴B2C交易平台的主力军团之一。凭借免费的竞争策略、客户第一的价值观,以及便利安全的支付宝和旺旺等线上沟通工具,淘宝打败了易趣等众多电子商务平台,成为电商龙头。在2008年开始,淘宝启动"大淘宝战略",投资50亿,实施生态化战略,打造整个电商产业链"制造—批发—零售—服务"各环节的基础

---

① A. T. Kearney, "The 2015 Global Retail E-Commerce Index", https://www.atkearney.com/documents/10192/5691153/Global＋Retail＋E-Commerce＋Keeps＋On＋Clicking.pdf/abe38776-2669-47ba-9387-5d1653e40409, 2016-8-17.

② 中国电子信息产业发展研究院:《2014—2015年世界信息化发展蓝皮书》,人民出版社2015年版,第33页。

设施提供商,为所有电子商务公司服务,包括IT、渠道、营销、仓储物流等①。随后阿里巴巴的业务不断补充和完善,天猫"双十一"购物节的推出更是让淘宝成为受亿万消费者瞩目的焦点,将在线消费推向高潮。

　　阿里巴巴从1999年成立赶着新经济的开端经历了从IT(Information Technology,信息技术)到DT(Digital Technology,数据技术)时代的转变,从沃尔玛最早使用的条形码调货、计算机卫星系统盘货等IT技术,到支撑淘宝网快速发展的云计算和大数据技术,信息技术的突飞猛进造就了不同时代的英雄。在DT时代,淘宝网建立了互联网支付体系、互联网信用体系、智能物流体系等,并且通过互联网短平快、去中心化的传播形式和网络结构把福利也传递给其他电商平台。除了从IT到DT的转变,电子商务还帮助零售市场从线下超市向移动APP转移,从自营模式向平台生态转移,从垂直到扁平的产销格局转移。根据2016年淘宝消费者数据显示,移动交易额渗透率已经达72.9%。沃尔玛从1991年在墨西哥建立第一家国外店铺到2016年,已经在全球28个国家拥有11 528家门店,在中国就有433家商场、9家干仓库配送中心、11家鲜食配送中心。而2015年年底,天猫国际引进了53个国家和地区的5 400个海外品牌满足中国消费者需求,另外通过开通全球速卖通和菜鸟物流帮助解决全球220多个国家的跨境营销和物流的问题②。沃尔玛作为全球最大的连锁企业,几乎是自营、自采、自销。而阿里巴巴作为一个平台型企业,为平台上商家提供基础设计服务,做一个开放的"孵化器",让众商家个性化运营,让"网红"自由发展。过去工业时代的"以企业为中心"的自上而下的垂直式生产管理商业模式,因为通信技术、物流等的发展,变成了现在"以消费者为中心"的产销新模式。阿里巴巴的全球商业策略营造了更有效、更个性化、更协同共享、更大规模生产的商业环境。新的商业法则推动阿里巴巴成为零售行业巨头。

---

① 阿里研究院:《新经济的崛起》,机械工业出版社2016年版,第6页。
② 同上书,第11页。

2. P2P 业务

互联网金融本质上来说是金融和互联网的结合,从线下搬到线上的做法提升了效率,降低了交易成本和信息不对称。以小额信贷 P2P 平台的发展形式来看,目前根据 LendIt2014 年对美国 P2P 统计数据显示,2014 年美国整个 P2P 行业的成交量达到 62.5 亿美元。其中 Lending Club 成交量达 47 亿美元,Prosper 的成交量达 16 亿美元,美国两大巨头占据 96% 以上的分量。而根据网贷之家 2014 年数据显示,中国排名前二的红岭创投和陆金所的市场占有率分别只有 9.71% 和 4.98%①。在中国,P2P 行业的市场集中度低,但市场集中度的提升有助于作为 P2P 行业核心的大数据整合积累和覆盖人群更广的征信系统的建立。

对比中国 P2P 业务的民间借贷平台的性质,美国为了降低 P2P 的风险已经把 P2P 业务定义为证券性质而进行监督。P2P 平台需要在 SEC 登记注册、定期披露,并且发售自己的收益权凭证。中国的 P2P 在没有受到强制模式的要求情况下,分为纯线上模式、线下模式和线上和线下 O2O 模式并行。借鉴美国 Lending Club 成立的纯线上模式拍拍贷,依靠网络大数据环境下的纯信用,完全采取线上交易模式,平台不提供担保,做单纯的"中介"。线下模式例如爱投资,项目获取、审核、担保全部来自线下,并剥离给专业小贷公司、担保机构,P2P 平台做单纯的"中介"。O2O 的模式则是现在目前中国市场中最大众化的模式——网贷平台同时承担信息中介和风险控制的角色,平台、其关联公司或第三方机构做担保。与中国复杂的参与者不一样的是,美国的 P2P 平台全部规定是单纯中介模式,由 WebBank 银行放款,审核项目之后,通过资产证券化,将债权拆分、组合、打包后放在平台进行售卖,全程平台无担保。尽管平台不提供担保,但是产品信息充分透明化,用户自行选择,风险自担,平台几乎不存在倒闭的风险。

从中美两国的 P2P 平台的模式和投融资结构来看,P2P 产品在全球的应用和传播遇到了全球范围内大数据和征信体系的缺乏,强有力的风控体系缺失,国家之间存在着金融法律制度和金融市场以及消费习惯上的巨大

---

① 庞菲菲:《中美 P2P 发展对比与启示》,《中小企业管理与科技旬刊》2015 年第 24 期,第 136—137 页。

差异,以及国家、机构和个人的信息安全等诸多问题。

3. 众筹

众筹的模式包括产品众筹、股权众筹、捐赠众筹。从目前众筹的发展情况来看,美国众筹企业的数量仍然是排名第二的英国的数倍,在2013年就已经达到450家。另外在经济发达的欧洲,如英国、法国、荷兰、德国等地区,众筹也快速发展。在发展中国家中,中国和印度众筹网站的实力不容小觑。根据Tabb Group 2014年预测的数据,到2025年,全球范围内的众筹资金将达到930亿美元。目前全球最大规模的众筹网站Kickstarter,根据其官网的实时报道,自2009年4月成立以后的7年里,已经完成28亿美元的融资,帮助117 000个项目完成融资。根据全球第二大众筹网站Indiegogo的官方数据,其网站有4种语言和4种国际支付方式,方便全球用户参与众筹项目。自2008年1月成立以后,平台成功吸引27.5万个项目上线,其中来自海外的项目比例高达30%。2010年成立的Pozible甚至支持23种货币形式的支付,平台从2015年4月成立以来已经成功启动8 360个项目,筹资超过2 600万美元,项目的成功率高达57%。产品众筹主要以预售产品的形式推出,产品风险相对较为可控,在全球能得到更广泛的推广。

众筹对金融全球资源的配置和普惠金融有重要的价值。目前很多众筹平台,如澳大利亚的Pozible,已经在各国设立分支机构,开展全球业务。除了开设分支机构,众筹平台的国际化还表现在国际化合作上。例如中国网信金融战略入资全国最大公益众筹平台Fundly,吸纳更多Fundly上的公益项目在"原始会"上投放,在共享优质项目的同时,实现投资人共享。产品众筹和公益众筹首先在全球性业务中身先士卒,债权众筹和股权众筹也将随着大数据等技术发展、资本市场的供求以及融资方全球发展的需要慢慢走向国际化。

4. 第三方支付

互联网经济无论是电子商务还是互联网金融,其支撑性业务都离不开第三方支付。第三方支付最早的产生和电子商务密切相关。虚拟的无形消费市场中商家和消费者之间由于互不认识、信任缺失、双方的金钱交易缺乏安全感和保障,很大程度上阻碍了电子商务的发展。为了满足不断扩大的线上小额交易的需求,第三方支付平台诞生。

2005年10月,中国人民银行公布《电子支付指引(第一号)》规定:"电子支付是指单位、个人直接或授权他人通过电子终端发出支付指令,实现货币支付与资金转移的行为。"电子支付的类型按照电子支付指令发起方式分为网上支付、电话支付、移动支付、销售点终端交易、自动柜员机交易和其他电子支付。电子支付强调的是电子终端转达支付指令的中间身份。第三方支付是电子支付的一种,但是具体来说是指非金融支付机构作为收付款人之间的中介方,实现网络支付、预付卡发行预受理、银行卡收单。尽管第三方支付最初是一种快捷支付的手段,为零售支付体系提供清算服务,提供支付结算的中间业务,但是随着新经济不断扩大,在服务新的经济模式、为新经济提供更多发展空间的同时,第三方支付工具的功能也在不断演进。开始在支付结算业务的基础上发展小微信贷、信用支付、保理业务等资产负债业务。另外,第三方支付丰富的交易场景以及平台上的巨大用户量和交易规模,让第三方支付平台拥有巨量的交易信息流、支付流、供应链物流、资金流等数据流。这个优势能够帮助完成及时、精确的信用评级,在提供信用信息服务的同时也可向信贷中介商延伸。

> **案例 4-2: PayPal**[①]
>
> PayPal是美国eBay公司的全资子公司。1998年12月由彼得·蒂尔(Peter Thiel)及麦克斯·莱弗钦(Max Levchin)建立,总部设在美国加利福尼亚州圣荷西市。PayPal允许在使用电子邮件来标识身份的用户之间转移资金,避免了传统的邮寄支票或者汇款的方法。目前PayPal是全球使用最为广泛的网上交易工具。
>
> 起初,PayPal的设想是通过个人或企业的电子邮件,能够让用户安全、自由、简单、快捷地在线支付和接受款项。PayPal项目推出后,两个月内便拥有了用户数十万人。为了让PayPal项目更快地推广起来,PayPal公司注意到当时美国人大概有1.4亿人有电子邮件,通过电子邮件的传播方式会是PayPal迅速扩展的好办法,于是在他们推出的E-mail支付服务中,他们决定,只要顾客签约使用PayPal,就给顾客10

---

① 翁海峰搜集了本案例的资料。

美元,每推荐一个朋友参加,再给他 10 美元。其实拥有的顾客资源价值更大,这要比通过广告宣传得到 100 万随机顾客要好。PayPal 迅速取得了成功。在头 6 个月里,有 100 多万人签约使用这项新的支付服务。由于使用方便和界面友好,PayPal 迅速成为 eBay 上的支付系统。到目前为止,PayPal 运用良好的营销手段、巧妙的传播方法走进了美国大多数家庭。PayPal 使拥有电子邮件地址的任何个人或企业能够安全、便捷、迅速地在线收款和付款。PayPal 的服务建构在现有的银行账户和信用卡的金融结构之上,并利用世界上最先进的防欺诈保护系统创建了一个安全、全球化的实时付款解决方案。

PayPal 的第二次迅速崛起是 2002 年 10 月,全球最大的拍卖网站 eBay 以 15 亿美元收购 PayPal。由梅格·惠特曼主导的收购 PayPal 的过程漫长曲折,收购价格从 3 亿美元不断上涨到 15 亿美元才完成了收购,但是在今天看来,这仍旧是一场合算的收购。这次的双方合作给 eBay 带来了便捷的收付款方式和潜在的客户源,给 PayPal 带来了更大的发展空间。

在今天的全球市场上,PayPal 已经是一个必不可少的工具。目前 PayPal 已经成为在线支付解决方案全球领先公司,也是拥有用户最多的公司。Paypal 目前在全世界拥有超过 2.2 亿用户,在全球 190 个国家和地区开通业务,以实现在 24 种外币间进行交易。eBay 买家和卖家、在线零售商、在线商家以及传统的线下商家,都在使用 PayPal 进行交易。而且 PayPal 支持加元、欧元、英镑、美元、日元、澳元 6 种货币作为结算货币,在全球交易中十分方便。

第三节 跨国公司互联网营销

根据 2016 年 Ipsos 和 PayPal 的《第三届全球跨境贸易报告》[1],在调查

---

[1] Ipsos,"PayPal Cross-Border Consumer Research 2016", https://www.paypalobjects.com/digitalassets/c/website/marketing/global/shared/global/media-resources/documents/passport-citation.pdf, 2016-11-12.

范围内的32个国家、接近28 000个消费者中,在过去的2015年有跨境消费行为的平均占据消费者总数的48%,其中爱尔兰和葡萄牙的跨境消费占比超过80%。从终端上来看,各国消费的跨境消费仍大部分通过PC而非手机或者其他移动终端。但是在少数发展中国家,如中国、印度、泰国,通过移动端完成的跨境消费占比接近50%。从跨境消费的热门国家和地区来看,中国成为最热门的跨境消费国家,接下来是美国、英国、德国和日本。从报告中还能看到,不同国家和地区的消费都非常关注安全性和便捷性等,各个国家和地区的消费者又在消费习惯和偏好上大相径庭。在互联网快速发展的十几年内,国际市场的不断变化给跨国公司的营销带来了很多机遇和挑战。

坎南(P. K. Kannan)等学者在其研究文章中指出,数字营销的概念正在演进,过去就是在产品推广中运用数字渠道,而现在是通过数字技术找到用户,弄清用户偏好,完成品牌促销,促进用户留存,提高销售转化的整个复杂的环节[1]。如今的营销策略是以消费者为核心的。数字技术对公司营销策略的影响分为三个层次:环境层、公司层和结果层。其中对环境的影响除了形成以消费者为中心的模式外,还有消费者行为、搜索引擎、社交网络、场景互动和互联网平台这五个方面;环境的变化也影响到公司层的决策,包括产品服务、产品定价、产品促销、产品定位、市场研究等;环境和公司决策的变化进而会影响到包括消费者和企业获得价值在内的结果层。研究学者也从细分的领域出发,揭示传播机制的变化。很多学者都认同人类互动方式发生了重大的变革,其中一个重大的原因就是社交网络的出现。社交网络快速地覆盖人群,并在虚拟的社会建立了社群,人们开始习惯在社群间聊天、阅读、娱乐、分享。朋友之间分享带来的信息精准度和效率以及便捷性等优势使得消费者越来越倾向于关注朋友的体验和评论。社交网络的人群覆盖和新的交往模式也给企业在全球范围推广业务上提出了新的营销策略要求。

除了数字技术的变化带来的环境改变,在全球化的浪潮里,现实中或者

---

[1] P. K. Kannan, Hongshuang Li, "Digital Marketing: A Framework, Review and Research Agenda", *International Journal of Research in Marketing*, 2017, 34, pp. 22-45.

虚拟环境中出现了多元文化的市场。来自不同文化的消费者共享同一个空间,相互联系互动,在这个多元的市场里聚集了多元的消费者、多元品牌和跨国营销职员。跨国营销不仅受到来自海内外竞争对手的威胁,还有来自变动中的消费者和市场环境的挑战,例如多元市场的消费者所连接的网络环境更加复杂,消费者所认同的观念更加捉摸不定。

总之,全球市场机制和传播机制都在受到互联网的加强、削弱或是重新改造,市场中消费者的构成以及消费者的习惯也在被重塑,全球市场处在不均衡的动态变化之中。置于新环境的跨国公司需要与时俱进,灵活运用数字技术和适应全球市场。

案例4-3:Uber在中国的营销[①]

2013年8月,Uber在上海试运营,推出高端租车服务"Uber Black",次年2月,Uber宣布正式进入中国市场。最初Uber在中国的租车服务定位高端,车型多为宝马、奔驰等高档车,但几个月后便推出了中高档车型的服务,价格更加亲民。随后中国大陆独有的多人拼车服务出现,更加符合中国消费者的需求。

Uber传播方式的最大特点便是强调"人"在传播过程中发挥的作用,并将其与时下流行的社交平台相结合,使得传播效益最大化。首先,它通过Uber这个网络介质,将"人"这一资源所有者和获取资源的主体搜索定位,然后进行链接匹配,最后通过物流的方式实现双方的对接,使得闲置资源得以被及时充分地利用。在这一资源中,它充分挖掘了"人"在这一过程中的社会价值,并且通过先进的技术,使得资源所有者和资源需求者的配对效率最大化。

其次,Uber通过为使用者提供人性化、个性化的乘车体验,将整个服务过程包装成故事,许多乘客选择主动在朋友圈分享自己使用Uber的用户体验,分享生动、鲜活的乘车故事,晒一晒今天Uber打到的高级车,分享一下遇到的Uber司机的跌宕人生,用户自发地成为传播者,和Uber一道完成了宣传。不仅如此,刚开始Uber便找到了对共享理念

---

① 贾诺搜集了本案例的资料。

有认同感的意见领袖业界"大V",从罗德公关CEO高明到艺龙CEO谢震,通过这些意见领袖在圈子里的自发扩散,名人口碑效应立即在白领圈中引发了不小的波澜。

再次,Uber的优惠码活动在传播过程中也起到了推波助澜的作用。刚刚打入中国市场时,几乎各个微信聊天群都不时能看到针对Uber初次使用的优惠码链接,许多新用户出于猎奇心理点开后便"入了坑",成了Uber的注册用户。

Uber充分借社交媒体之力,扩大了其产品的影响力。随着微信的兴起,朋友圈已经成为新的观点市场,人们在朋友圈分享自己的生活,也在无形中为产品打出了软广告,因为朋友圈好友多半是和自己息息相关、充分信任的人,因此也就降低了产品的信任成本,让传播变得更为有效。Uber这种让消费者参与到传播过程中来的策略实乃高效率、低成本的创新之举。Uber对于热点事件的反应也非常快。2015年6月上海暴雨,许多网友抱怨"打不到车,还不如叫船算了",Uber对此迅速反应,在四十分钟内,将APP上的汽车图标改为一艘艘小船,小船还分为不同的级别,上面标有"点击叫车"的字样。40分钟的危机应对一下抓住了用户的心,Uber此举引起了网友的一片点赞,上路"开船"的司机数量也有所上升。

Uber在它的全球传播策略中注重因地制宜、因势利导,根据各个国家不同的"水土"制定不同的传播以及营销策略,例如,在印度推出Uber Moto,消费者通过Uber轻松召唤摩托车司机;在美国推出UberChopper,一键叫直升机服务;在日本樱花季为防止过敏,用无人机为顾客送口罩。在中国,Uber的营销策略也是层出不穷、花样百出,并充分整合了品牌资源扩大传播。例如,Uber和新媒体艺术节合作,提供Uber专属大巴,沿途接载观众前往艺术节现场,并在车上向乘客提供专业美发师、美甲师、DJ等服务,活跃车上气氛,增强用户体验;Uber针对中国上下班高峰期常出现的道路拥堵情况,推出Uber Pool拼车服务,以降低乘客出行费用,也为缓解城市拥堵及环保献一份力;

设立 Uber Station 优步拼车站,方便拼车及 Uber 乘客上下车;Uber 和妈妈网共同开展妈妈网专车送宝贝去上幼儿园,全程记录幼儿园新生入园第一天,利用故事性的设置使消费者参与进来,而不只是看热闹的观众……在保持 Uber 本身操作简便、用户体验极佳的特点的基础上,Uber 追求的个性化与本土化成为它得以在全世界范围内快速传播扩散的基础与动力。

案例 4-4:星巴克在全球的互联网营销①

星巴克 1971 年成立于美国西雅图,1992 年成为第一家专注于咖啡销售的上市公司,至今为止在全球 37 个国家开设超过 12 000 家咖啡店。在 2008 年,星巴克遇到了瓶颈:经济形势不佳,竞争对手强大,营销增长呈下降趋势,危机重重。公司决定将霍华德-舒尔茨重新请回 CEO 的位置,期盼这位意志坚定的创始人能够拯救星巴克。霍华德决意顺从顾客的意愿,实施数字化、网络化战略,依靠互联网创造的"第四空间",走出星巴克发展的新路。

霍华德做了几个重要的变化:依托互联网,设立 CDO 职位;砸重金于数字网络的发展;进行移动端付费改造;开展社交网络营销,借此与顾客的步调保持一致。星巴克的投资得到了很好的回报,并且一跃成为传统企业进行互联网改造的领头羊,星巴克因此保持住了线上线下持续增长的势头,成为全球最受顾客欢迎的食品公司之一。

在全球范围内,星巴克积极抢占数字化经营和新媒体营销的制高点,采取了一系列与时俱进的措施,凭借与时俱进的精神和手段在众多竞争对手中脱颖而出。

1. 手机钱包促销

聚焦手机是数字化战略的一个主要部分。星巴克既保持现有经营模式,同时扩展与顾客沟通的数字接触点。事实上,星巴克的顾客在使

---

① 农松玮搜集了本案例的资料。

用移动支付时,的确愿意花更多钱,因为移动支付的快捷性常能引发额外的购物冲动。星巴克与科技公司 Square 合作,设计出一种既具综合性又操作简便的移动付费和社交应用程序,供安卓或苹果手机用户使用。而二维码技术又为星巴克移动付费提供了保障,星巴克因此对公司的 POS 系统进行了大规模的升级改造,购买二维码扫描仪,将它与 POS 组装在一起。如果顾客想要简化支付程序,他只要点击"一键付款",然后把手机交给星巴克店员扫描一下即可。除了付款更加简便外,顾客还可查询购买记录,跟踪相关的优惠信息,并通过移动信箱接受信息、了解食物和饮品情况、选择电子礼物等。在星巴克与 Square 公司宣布合作后仅3个月,手机钱包支付系统就上线了,并在美国的近万家星巴克门店最先使用①。

2. "我的星巴克点子"

2008年3月,"我的星巴克点子"(My Starbucks Idea)网站首次亮相。经过努力,星巴克终于让顾客知道大家的心声正在被倾听。这是星巴克创建最早、最成功的网站,通过它,星巴克实现了无缝贴近顾客的目标。该网站的成员可以分享自己关于星巴克的想法,可以对改进星巴克的点子投票,也可以对具体的产品展开讨论,提出意见和建议。这个网站成功的秘诀在于和顾客进行讨论的论坛版主都是精通业务的星巴克伙伴(霍华德管星巴克员工叫做"伙伴",并且给予他们超乎寻常的福利)。"我的星巴克点子"网站建立5周年时曾经做过统计,截至当时,该网站总共收集到约15万个点子,有超过200万个顾客参与投票,这个数目已经超过了芝加哥市长选举的投票数。多年来,这个网站月平均登录次数超过200万。

Facebook、YouTube、Google、Instagram、Pinterest、LinkedIn 等也都是星巴克的传播渠道。例如,在视频网站上,星巴克的宣传片有250个之多,主要传播星巴克的价值观、幕后故事以及顾客的个人体验。

---

① 《"互联网+"拯救了星巴克》,http://finance.ifeng.com/a/20150505/13683479_0.shtml,2016年5月14日。

在Pinterest上,星巴克发布的消息通常是以"星巴克之爱"为主题,介绍关于咖啡、食物、音乐以及相关的知识性信息。

3. 星巴克中国

在中国市场,星巴克公司也在积极试水各项新媒体平台,创新营销方式,通过新媒体这一平台进一步在中国推广企业品牌,其中微博、微信为主要开发平台。

星巴克通过运营官方微博进一步提升品牌影响力。第一,在官方微博发送具有人文关怀的、文字优雅的微博,例如"周末反而能起个大早,因为不想浪费一点点自由的时光。正是好机会喝一杯每日限量冷萃冰咖啡,给自己一个甘甜顺滑的犒赏",这种类型的微博容易引起消费者的共鸣,也传达出星巴克的小资情怀。第二,提供与消费者互动的空间,在微博推送下,星巴克会给消费者的留言进行反馈,使微博成为收集消费者意见和信息反馈的平台。第三,通过微博宣传星巴克线下公益活动,宣扬企业的社会责任感和公众意识。星巴克通过这样一系列措施,传递了企业的咖啡文化,获得消费者的认同,从而树立起良好的品牌形象。

2012年星巴克开通微信公众平台,消费者可以在微信中搜索"星巴克中国"或者使用"扫一扫"功能扫描星巴克二维码,添加"星巴克中国"为联系人,并且可以与星巴克实现即时聊天。消费者随时随地都可以体验到星巴克的服务,并可以通过微信平台进行店内音乐的"私人订制"。据统计,该活动上线一周就获得7万多个微信粉丝,活动期间粉丝与星巴克分享的情绪超过23万次。该项活动支出约25万元,星巴克微信电台refresha的销售额就达750万元[1]。在活动结束之后,星巴克持续运行公众平台的文章推送和信息回复功能,进一步起到了与消费者的信息沟通作用。

---

[1] 刘念:《星巴克中国的社会化媒体营销之路》,《品牌》2015年第9期,第22页。

本章小结

1. 通过贸易、资金流动、技术创新、信息网络和文化交流而形成的经济全球化,使世界各国经济在全球范围内高度融合,各国经济通过不断增长的各类商品和劳务的广泛输送,通过国际资金的流动,通过技术更快更广泛的创新和传播,形成相互依赖的关系。信息产业扩大了经济活动范围。开放的国家和地区增加,越来越多的地区性的经济活动被纳入到全球范围。

2. 互联网的出现加速了全球化信息网络的构建。20世纪90年代以来,越来越便捷的信息和通信技术使得全球生产活动通过网络连接成一个整体,实现了全球化的分工生产。互联网的出现影响了全球的数据流、资金流和物流。

3. 互联网经济的特点是零边际成本和协同共享。相比传统的经济形态,互联网经济产生了诸多新的模式,如电子商务、P2P业务、众筹和第三方支付等。

4. 全球市场机制和传播机制都在受到互联网的加强、削弱或是重新改造,市场中消费者的构成以及消费者的习惯也在被重塑,全球市场处在不均衡的动态变化之中。跨国公司的全球营销需要与时俱进,灵活运用数字技术和适应全球市场。

第五章

互联网与全球社会运动

互联网环境下,一个网络公民社会正在超出国界,形成全球化的数字公共空间。全球公民们不仅就本国内共同存在的政治腐败、市场失灵等问题进行讨论,也会在社交网站上发起针对威胁全球安全的环境、人权和卫生问题的全球化网络运动,甚至会通过线上的动员和组织形成线下的示威和游行。国家与社会的关系在互联网的草根运动中受到进一步挑战。民众将有更多的机会接收到及时、全面的信息,发表政治观点,以及通过社交媒体组织起穿越信息屏障的政治运动。尽管互联网的匿名化和无边界性对公民政治参与起到了建设性作用,却也为跨国黑客行动和国际恐怖主义提供了温床。

本章首先论述互联网与全球公民社会的关系,其次总结互联网环境中全球运动的特点。最后,本章将系统地梳理网络黑客和跨国恐怖主义组织如何运用互联网,来传播其理念,招募志愿者,甚至在全球推动危险的政策议程。

第一节 互联网与全球公民社会

一、全球公民社会的兴起

随着全球化的兴起,传统意义上公民社会的行为体,如私营经济机构、社会组织与文化媒体,都开始跨出一国边界,在多国展开行动,进行全球性的资源配置。公民社会与国家的博弈呈现出全球公民社会与以国家为中心的全球治理相对峙的全新景观。

全球公民社会的理想萌芽于18世纪。早在18世纪,康德就提出了世界公民理论。在《永久和平论》中,他热切期望"世界上彼此远离的各个大陆能够和平地建立相互关系,而这些关系最终成为公共法律上的关系,并且这些关系还将因此促使人类最终日益接近一种世界公民制"①。如今看来,尽管康德所期待的理想图景还长路漫漫,但是,如绿色和平组织、禁止化学武器组织等跨国非政府组织,以及遍布纽约、马德里和雅加达的全球"占领运动"却昭示全球公民社会可能以自下而上的方式超越世界政府更早地成为现实。更重要的是,全球化本身成为划分当代政治的一种意识形态,正如牛津大学教授亚历山大·拜茨(Alexander Betts)在演讲中所言,"当代政治将不再是关于左或右的讨论,也不是仅仅关乎税收与财政支出,而是关于全球化,分界线将在全球化的支持者和反对者中间产生"②。事实上,全球化已成为一些全球公民身份认同的重要来源,并且成为他们与政府间国际组织及主权国际政府提出政治诉求的合法性依据。如果说在互联网兴起之前全球公民社会已成星星之火的话,那么互联网则是使其燎原的助燃器。

二、互联网为全球公民赋权

首先,互联网在一定程度上冲破了政府、新闻机构和研究机构对知识的审查和垄断,塑造知情的公民。在互联网出现之前,民众获取公共事务相关信息的渠道主要是通过政府发布的文件、新闻媒体的报道,或是某一专业领域专家或研究机构所发布的科学报告。对于许多与切身利益密切相关但是需要专业知识才能理解的公共政策议题往往需要两层验证机制:第一层是诠释能力和意愿的社会机构,例如IPCC(联合国政府间气候变化专门委员会)对于气候变化问题的解释就具有全球性的学术权威;第二层则是传统的大众媒体。原则上,两层验证机制应该相互独立并相互监督,但事实上由于

---

① 葆琳·科林赫尔德、陈龙:《康德世界公民主义理论的发展》,《吉林大学社会科学学报》2014年第3期,第92—100页。

② Alexander Betts, "Ted Video", http://www.ted.com/talks/alexander_betts_why_brexit_happened_and_what_to_do_next,2016-7-30。

新闻规范中对于观点的平衡性和信源的专业性要求,再加上资本运作的力量,容易使新闻媒介成为政治精英、经济精英和文化精英有选择地制造"真理"的平台,使他们可以按照有利于阶层自身利益的方式呈现信息和塑造舆论。互联网的开放性和便捷性使民众不再受限于传统的大众传播渠道。美国皮尤中心 2010 年的调查研究数据显示,美国公民在过去 50 年的广播电视时代,尽管国民整体教育水平提升迅速,但整体政治素养并没有显著进步,最多是保持了持平。而互联网却在降低获取信息的准入门槛,为公民提供更加多样性的信息选择。"92%的美国人从超过一个新闻平台上获取信息,对于某一新闻机构的忠诚正在消失。"①当每个网民都可以在互联网中为自己的观点找到平台和读者的时候,读者同样也被赋予了自由选择的权利,用点击量和赞许为自己感兴趣的观点和信息表达支持。

其次,互联网让大众更加平等地参与政治生活。借助 Faceboook、Twitter 等社交媒体,海地地震的亲历者可以将灾难现场的画面和当地需要的救援物资信息迅速地传播至世界的每个角落;公民记者们借助移动设备可以将被传统媒体忽略或排斥的"占领华尔街"的视频传到网上,也可以以更快的速度实时更新恐怖主义袭击的场面,为公共事务的讨论提供更真实、更及时和更加多样化的新闻素材。高达 37%的美国网民表示,他们通过制作政治短片、编辑时事评论博客、在社交媒体上对政治观点评论并转发等方式参与到政治生活中②。互联网容纳普通公民参与,其潜在逻辑是为公民赋权。学者多米尼克·卡尔东(Dominique Cardon)认为,这种平等性并不像选举一样,将每个人的社会经济差距全部磨平,赋予一人一票式的权重,而是减少社会经济差距对个人影响力的作用,使个人声望完全是根据他(她)的主张来决定,而不是以他(她)是谁为标准③。互联网的虚拟性也确实有助于打破面对面交流时的性别、种族、年龄等社会标签,使网民更加坦白和无所顾忌地表达自身观点。

---

① Pew center, "The state of the news media", http://www.stateofthemedia.org/2010, 2016-6-15.
② 同上。
③ Dominique Cardon, "The Internet and Its Democratic Virtues", *La Vie des idées*, 2012, 11, http://www.booksandideas.net/The-Internet-and-its-Democratic.html.

案例 5-1：伦敦骚乱[①]

伦敦骚乱中的社交媒体应用揭示了互联网是如何将愤怒和不满的人群联合起来，通过互联网形成一次大规模的社会暴乱，也揭示了互联网为警察和民众重建社会秩序提供了重要的沟通平台。

伦敦骚乱起源于一名叫马克·达根(Mark Duggan)的非洲裔青年人。他于2011年8月4日被警方怀疑非法持有枪支，在伦敦街头被拦截。警方称，拦截以后，达根持未注册的手枪朝警方射击并打伤一名警察，随后在枪战中达根身重两弹，当场死亡。但达根亲友解释说，达根收藏枪械"完全出于爱好"。之后，有人在Facebook上为达根建立了一个页面，在很短的时间内吸引了上万名粉丝，管理员随后又发起了以纪念达根为名的"抗议警察暴行"的游行，很快有近200人确认参加该游行。8月6日晚，约300人聚集在伦敦北区托特纳姆路警察局举行抗议，晚间演变为暴力事件，100多名年轻人趁着夜色焚毁警车、公共汽车，抢劫店铺，占领高速公路。截至7日凌晨，多名警察受伤住院。骚乱仍不断向伦敦其他地区蔓延。在骚乱期间，有人将现场照片放在Twitter和Facebook等社交媒体上炫耀，发布一些未经证实的假消息，并通过黑莓手机相互联络，策划煽动骚乱。后来，市民们开始在Facebook上发起反骚乱和平示威，支持警察平息骚乱的行动，提供照片、录像等寻找骚乱者，并且在骚乱后发起了重建伦敦的行动。政府一方面利用社交媒体进行政策宣传和辟谣，另一方面通过社交媒体发现和抓捕犯罪嫌疑人。8月10日左右，骚乱在政府的干预下趋于平息。

社交媒体在英国伦敦骚乱中的角色作用主要可分为三个阶段：

1. 始发阶段

事件在社交媒体上成为舆论关注点，并组织抗议活动。在此阶段，社交媒体的主要角色是议程设置与抗议活动的组织。首先，达根中枪死亡的事件在Facebook上引起关注，在短短时间内吸引了上万粉丝，而警方没有及时公布确切信息引发了舆论的众多猜测，激化了人们的

[①] 任旭丽搜集了本案例的资料。

执法不公感。在这一过程中，Facebook设置了专题页面，从而提出了议题，事件的模糊性（达根到底是否先打伤警察等）引发了网民的热烈讨论，而在人们潜在的对于经济社会问题的疲惫与不满、种族情绪等也得以通过这一事件发泄出来，从而在社交媒体上产生了大规模的网络围观，使得这一议题引起更多人的关注。这种议题的产生由于非官方渠道的角色以及熟人转发的方式而更容易给人以真实可信的感觉，并且迎合了民众的信息需求与社会情绪，加之纷繁复杂的社交网络所引发的蔓延式传播，由此产生的议题所引发的社会关注度与影响力都令传统媒体难以望其项背。其次，社交媒体是群众力量的积聚与放大器。事件始发时，人们通过社交媒体来组织抗议活动，社交媒体在网络上聚集了众多对此事件关注的民众，其联系的及时性以及便捷的传播方式都给抗议活动的组织提供了便利的条件，使得许多素不相识的人能够在短期内集中参与到抗议活动中来，从而扩大了抗议活动的规模和影响力。

2. 发展阶段

抗议活动转变为骚乱，社交媒体成为骚乱者、普通民众、政府机关等各方的网络舆论场。在此阶段中，社交媒体的作用主要体现为：第一，人们情绪放大与宣泄的平台。如果说在议题产生和抗议活动的组织阶段，群众的情绪还主要集中于执法不公感与种族情绪，那么，在这一阶段各种社会情绪无疑被统一激发出来。

第二，暴力活动的组织工具。在此次骚乱中，不少人通过社交媒体相约成为"闪抢族"，随后会突然出现在某一地区破坏活动之中。此外，黑莓手机的通信保密功能也在其中扮演了尤为重要的角色。在黑莓通信网所成就的保密通信将信息的发布和传播置于保护伞下，在骚乱蔓延的过程中，一些黑莓手机拥有者互相通气，商讨攻击目标和通报警方动向，群发功能大量散布鼓动骚乱的言论，给警方的追查造成了极大的阻碍，许多人因此更加肆无忌惮地散布谣言和组织劫掠。

第三，谣言积聚地。在社交媒体中，信息传播的主体多元、成本降低，信息发布的迅速和对空间距离的拉近无疑都加快了谣言的传播，从而使得社交媒体成为英国骚乱期间的谣言聚集地。

第四,公众保护自己与反骚乱的武器。在英国骚乱期间,有人利用社交网络来传递有关从哪条路回家更加安全的信息,民众也会通过社交媒体进行人肉搜索,帮助警察寻找骚乱分子,救助受害商家,在骚乱结束后组织重建伦敦的活动等,这些无疑在骚乱期间起到了巨大的积极作用,成为民间反骚乱和维护社会秩序的重要力量。

第五,政府机关维持社会秩序的工具。英国政府在骚乱期间也同样利用社交媒体来展开工作,促使骚乱平息。首先,在社交媒体上充斥着谣言的情况下,政府积极开展辟谣活动,通过政府的社交媒体平台及时发布信息、引导公众舆论,提醒他们应当理性分辨谣言的真实性,谨慎传播,这些都对社会情绪起到了很好的安抚作用,对谣言的防控也起到了积极作用。其次,英国警方利用社交媒体上公布的犯罪嫌疑人信息,展开了迅速有效的抓捕行动,促使骚乱快速平息。

3. 平息阶段

在此阶段,群众在社交媒体上展开对骚乱事件的反思与建议,加强对政府的监督。而政府则一方面通过社交媒体发布自己的政策方针,另一方面通过社交媒体更好地了解民意。

伦敦骚乱之时,英国正处于经济低迷期,失业率的攀升产生了大量的无业青年,而政府对于社会福利的削减、青年活动中心的减少引起了许多人尤其是年轻人的不满。在这样的社会背景下,年轻人无业、无固定收入,长期以来的贫富差距、低迷的经济现状以及紧缩的财政政策,使得他们的物质需求难以得到满足,从而将一场游行演变成不满情绪的宣泄口。加之长期的种族情绪与警民矛盾的积压,社会情绪以达根事件的契机得以集中发泄。而社交媒体聚集了这样一个庞大的群体,在这一群体中,社会情绪被进一步发酵和激化,甚而引发非理性的骚乱事件。后来,社交媒体又成为民众自我保护和政府平息骚乱的工具。可见,社交媒体是社会运动中的双刃剑。

第二节　互联网环境中全球运动的特点

全球公民社会的形成为全球社会运动提供了强大的基础。20世纪80年代以来兴起的市场化改革,以及以互联网的应用和普及为标志的全球信息技术革命与信息网络化趋势,把许多原来在民族国家范围内的社会运动变成了全球化和反全球化的一部分,并正以空前的规模在全球现实空间和虚拟空间蔓延开来。这就是当今时代所特有的全球社会运动①。全球社会运动有了互联网的参与,呈现出以下特点:

一、无领导与去中心化

以互联网为沟通工具的社会运动最显著的结构性特点是去中心化,体现在集体行动的领导结构就是"无领导"(leaderless)和组织结构上的"自我组织"(self-organization)。互联网对个人的解放和赋权瓦解着传统的官僚层级,在互联网空间里,多样化的组织、集体行动和社群在共同的标签和信念下聚集和联结,同时又保持自治性与个体独特性。例如,曾经在多次世界银行会议、WTO会议和欧盟会议期间,进行反全球化抗议的反全球化组织"全球人民行动"(People's Global Action,简称 PGA)就曾申明:"全球人民行动"为全世界联合起来反对经济全球化和思想统一的人们提供一个有效的工具……任何行动者,无论是环保主义者、萨帕塔运动支持者,还是反欧盟人士,都将在这里通过全频道的沟通和合作与世界各地的本土抗议者一同进行公民不合作运动,或者以人民为导向的建设性行动②。全球抵抗组织(Movement for Global Resistance)则更进一步表明,"我们没有成员,成

---

① 胡键:《全球社会运动的兴起及其对全球治理的影响》,《国际论坛》2006年第1期,第1页。
② "PGA Network Organizational Principles", http://www.nadir.org/nadir/initiativ/agp/cocha/principles.htm, 2016-10-12.

员制必将导致静态、僵化的组织结构,而不是我们所期待的一种弥漫的归属感"①。

> **案例 5-2：占领华尔街**
>
> 　　发生在 2011 年年底,继而蔓延全球的"占领华尔街"运动便是这种去中心化组织模式的社会运动典型案例。"占领华尔街运动"最初的发起可以追溯到 2011 年 7 月,加拿大范库弗州的一家非营利反主流文化网络杂志《广告克星》(Adbusters)发出海报,号召人们在 9 月 17 日冲进曼哈顿,支起帐篷,带上食物,设置和平路障来占领华尔街,意在表达对美国金融制度偏袒权贵和富人的不满,声讨引发金融海啸的罪魁祸首。9 月 17 日,在华尔街金融区,示威者手举标语,头戴面具,喊着口号,抗议华尔街的贪婪,指责政府为救助少数金融机构而使多数人陷于经济困境,"占领华尔街运动"正式开始。在较短的时间内,声称代表"99%"美国普通民众的这场运动已经渐显燎原之势,抗议浪潮迅速向西雅图、洛杉矶、芝加哥、华盛顿等 50 多个大城市和上百个小城市蔓延,出现了"占领芝加哥"和"占领华盛顿"等类似的活动②。
>
> 　　"占领华尔街"运动发生之时,诸如 Twitter、Facebook、Meetup 和 Ustream 一类的网络应用为美国民众广泛使用。社交媒体能够在主流媒体的漠视和失声的情况下,促进"占领华尔街"运动组织者和参与者的交流,推动了运动的传播和推广,降低了社会抗争组织动员的成本,通过少量的成本,动用少量的媒体资源和人力资源就引发了大规模的社会抗争。

　　2012 年,卡斯特经过对"占领华尔街"的观察,发现"无领导"并不仅仅是互联网协助的社会运动的自然结果或是一种疏忽和怠惰,而是一种精心

---

① Juris, J. S., "The new digital media and activist networking within anti—corporate globalization movements", *Annals of the American Academy of Political & Social Science*, 2005, 597(1), pp.189-208.
② 刘兴波:《"占领华尔街"运动：缘起、特征和意义》,《当代世界社会主义问题》2012 年第 2 期,第 81—82 页。

设计的组织策略。这种组织形态根植于参与者对当代的选举代表政治的一种厌恶与怀疑,也是对全球金融寡头所造成的民主衰败的一种失望①。事实上风靡全球的占领运动既没有一个坚强有力的领导核心,也没有明确的可操作的政治诉求,甚至发展到世界各地时,反抗的主题都发生了分散化。施密特和科恩就批评这种"无领导主义"可能会产生一些暂时的名人,却会推迟真正有领导力的领导人的出现,以及其组织动员能力的培养。毕竟,他们认为"建立一个脸书网页并不代表形成一个新的计划,只有实际的领导能力和执行力才能将革命转化为实质性的政治成果"②。不过,在互联网的拥护者看来,这种去中心化的、无领导的组织形式至少表达了一种愿景——打破层级式的、水平化的沟通模式和协商模式。从长远看,这种政治模式本身或许比某一次运动达成的政治结果更重要。

二、全球性的集体认同

在工业革命早期,社会运动主要是以阶级斗争为动能的无产阶级和农民对贵族资本家的反抗。而 20 世纪的后半叶则主要见证了社会主义与资本主义意识形态斗争为动力的国际性社会运动与对抗。网络时代的政治运动将以资源共享和个人认同为主要动力。尽管人们因过度依赖互联网的沟通而减少了面对面的交流和线下集会,然而互联网却使"地球村"的村民掌握了集体行动的主动权。个体的多样化需求和个性化兴趣不再服从于国家政治,而是可以在全球范围内找到与自己有相同志趣、相同担忧、相同诉求的团体。例如,对环保、女权、健康等方方面面的问题感兴趣的人们可以在网络论坛和网络社区中共享信息、交换观点、彼此支持。这不仅帮助他们在当地寻求相关议题,更有利于在全球范围内形成相互呼应之势,形成全球性的集体认同,反过来对本国或本地政府形成压力,甚至改变环境、人权等方面的全球价值观和道德评价。

---

① Castells, M., *Networks of Outrage and Hope: Social Movements in the Internet Age*. John Wiley & Sons, 2015.
② Schmidt, E., Cohen, J., *The New Digital Age: Reshaping the Future of People, Nations and Business*. Hachette UK, 2013, p.58.

案例5-3：乌克兰女权运动①

费曼（FEMEN）②是乌克兰知名妇女运动团体，成立于2008年10月4日。其目标是培养乌克兰年轻女性的领导能力、智慧和品德。费曼是欧洲最大、最有影响力的女权团体，至今有来自世界各地300多名成员，也有男性成员，在乌克兰、德国、瑞典、法国、加拿大等地都有分部，在谷歌搜索趋势中，关键词"FEMEN"已经在2013年替代了关键词"Feminism"（女权主义），在互联网上成为国际化组织。费曼成功地利用网络在全球范围内对女权运动产生影响力。它们以身体作为政治抗争的武器，尽管这种出位行为招致不少争议。它们主要针对情色旅游者、性别歧视问题，还有一些其他的社会问题进行活动。它们标志性的活动形式就是"BOOBSPRINT"（裸胸奔跑），即以上半身或全身赤裸的方式游行、奔跑、呐喊，在一些特定场所和活动进行抗议或者宣誓。

费曼有自己的官方网站（www.femen.org），在网站上有它们的基本简介、相关杂志文章、最近新闻和网店。早期它们通过接受社会捐助的方式来筹备活动资金，现在它们将宣传和筹资整合到一起。所有的活动情况和成员个人情况，还有寻求社会支持等信息都在博客中一目了然。费曼在Facebook、Instagram、Twitter全球主流的社交平台上都有自己的主页。费曼并不会在公众网页或者社交媒体账号上发起活动。它们在官方网站最下方留下联系邮箱和skype号码，若想要加入费曼，只能通过邮件沟通。在它们的社交账号上，每一篇都非常简短，基本都会配图，内容也是一些新闻帖的摘要。互联网帮助费曼构造了一个社群，具有共同的目标、认同、规则与归属感。费曼平时依靠互联网进行沟通，但具体活动还是会落实到线下，部分成员通过参与线下活动相互认识，其他成员还是通过互联网交流。费曼的成员遍布全球，在全世界有很多分支分部，需要依靠互联网进行组织内部的信息交流和相互沟通，与此同时，组织内部的管理同样也需要互联网支撑。互联网

---

① 清水兰搜集了本案例的资料。
② FEMEN是和男性同等地位的意思。

> 为组织运营节约了成本,特别是费曼这样的完全不依赖政府、依靠互联网快速的信息传播作用在全球提高了组织的知名度。目前费曼通过线上内部组织线下活动来博取其他大众媒体的关注以吸引新的用户。

女权主义是全球的热点议题。但女权主义近年来的发展趋向有极端化的倾向,体现在女权主义者对于社会现象非常敏感,什么事都会往性别歧视方向思考,由此招致一些社会人士反感,甚至出现了女权污名化的现象。对于费曼来说,它们的压力也非常巨大。从抗议乌克兰政府对情色旅游不作为事件、抗议普京事件到法国抗议穆斯林事件,它们"战绩赫赫",却不讨人欢喜。虽然费曼的国际知名度越来越高,可它们在乌克兰却并没有获得太多支持和赞誉。乌克兰社会学家奥莱·德米基夫(Oleh P. Demkiv)公开对费曼颇具争议的抗议行为持反对态度,他说:"不幸的是,(费曼)既没有受到大众支持,也没有引导乌克兰人的意识变革。"联合国妇女权益项目主任拉丽莎·科贝莲斯卡(Larysa Kobelianska)表示:"该组织已经成功吸引了公众的注意女性的问题,即使通过可疑途径。"但不管外界如何评价,费曼用极端和出位的"裸抗"方式,让乌克兰女性受到前所未有的全球关注,包括BBC、美联社、法新社等世界著名媒体都给予了很多报道。

三、以互联网为动员和组织的工具

首先,实时的电子通信技术可以实现跨越主权国家边界的信息流通,使国内政治运动的信息打破传统媒体的屏蔽和封锁,到达国外的受众,进而获得全球性媒体的关注和报道。传统新闻媒体不但在把关人的角色上有所削弱,在时效性和新闻素材上更是在一定程度上从领导者变成了追随者,因为在社会运动发生时,强大的社会舆论压力倒逼新闻媒体在竞争激烈的环境里追踪社会运动,而社交媒体上的声明或言论往往比电话或当面采访获得的信息更快速[1]。

---

[1] Bennett, W. L., "Communicating Global Activism: Strengths and Vulnerabilities", 2003.

其次，互联网已经成为跨国社会运动的动员和组织的工具。互联网在社会运动中主要发挥以下作用：内部组织，招募新成员和组织内部的联结；动员资源并协调行动；将运动的纲领和框架独立地向外传播；内部和外部成员的讨论、协商和决策①。这些行动在互联网出现之前主要通过线下和传统媒体进行沟通。互联网降低了参与和动员的成本。活动参与者不需要全身心的个人投入，哪怕一个转发或是评论都可以为活动贡献力量，而且借助即时通信软件和社交媒体，活动的组织者可以随时跟全球的活动参与者保持沟通，确保行动协调一致和信息的实时更新。跨国的通信网络使社会运动突破了时间和空间区隔，加速了社会运动穿越国界的外溢效应和传染效应。不仅实时的电子转账技术可以使活动的支持者不受传统金融机构和时间地域限制，为运动的进行提供资金和财务支持，而且日益成熟的翻译软件则使社会运动走出国门，甚至走出单一语言文化圈成为可能。

> **案例5-4：乌克兰危机**②
>
> 事实上，社交媒体不只是普通网民宣泄的平台，还是多国政治势力争夺的话语空间。2013年乌克兰危机中社交媒体的角色便是值得探讨的话题。
>
> 乌克兰危机的导火索是乌克兰抛弃了东西方平衡战略，忽而亲欧，忽而亲俄。乌克兰内部政治意见的分裂使得乌克兰政府军与乌克兰反政府武装在社交媒体上各自展示战果和互相攻讦，亲西方的反对派利用Twitter、Facebook等社交网络，发布信息，以极其低廉的成本，在短时间内聚集大量民众来进行示威活动。
>
> 自从乌克兰危机开始，社交媒体就成为抗议民众发表观点、组织抗议、讨论互动的重要平台。乌克兰民众不仅利用社交媒体发表自己对于乌克兰现状的看法，还通过Facebook来进行后方组织抗议队伍和整合资源，以期抵抗乌克兰警察和为抗议群众提供后勤支援。大量的抗

---

① Bart Cammaerts.，*The International Encyclopedia of Digital Communication and Society*. Oxford, UK: Wiley-Blackwell, 2015, pp. 1027-1034.

② 柴婧妍搜集了本案例的资料。

议者通过Facebook(占49%)、俄语社交网站VKontakte(占35%),以及一些新闻网站,如Spilno TV和Hromadianske TV(共占51%)得知抗议的信息,并认为来自Facebook和其他社交媒体的信息比电视上的更为可靠。相比于以往的抗议,这种信息传播速度是前所未有的,沟通语言也从乌克兰语转向了英语[①]。最重要的是,社交媒体为民众提供了讨论互动的工具,不仅参与抗议者可以通过Facebook获取关于物资及集会的信息,如免费茶水供应区域或温暖空间地图和集会时间地点等,而且没有参与抗议活动的民众也能通过参与者发布的信息图片及时了解抗议集会的最新进程,得知相关的信息并参与互动。

不仅民众会利用社交媒体进行信息的传播和扩散来满足自己抗议的需求,而且乌克兰的政府军更是充分利用社交媒体,成功地实施了反俄宣传。例如,在危机初期发布了大量持有武器的士兵的照片,作为俄罗斯入侵乌克兰的证据;2015年7月,乌克兰国防部长在Facebook个人主页晒出政府军查缴东部民兵武器的照片,并称这是反政府武装使用俄制武器的证据。这些照片和类似的信息经过社交媒体的广泛传播,不仅引导了乌克兰民众的认知,让"俄罗斯破坏者"的形象深入乌克兰群众的内心,也让民众的反俄情绪进一步高涨,让政府军的行动赢得大量民意支持。

2015年1月,乌克兰政府发布招募"网络战队"的消息,吸收权威、著名的博客群体及网络达人加入,成立博客联合工作中心。他们的任务重心聚焦于社交媒体信息攻防战,主要通过关注社交媒体上用户的信息,与用户或团体建立联系并从中获取相关的情报。随着社交媒体的普及和传播,乌克兰反政府武装和政府军均把社交媒体作为发布信息的重要平台,由于对Facebook、Twitter上传播的照片、视频等信息进行背景分析后,可以判明发布者的位置和活动规律,政府军和反政府武装均可以通过对方士兵上传的自拍照等来锁定敌军位置进行打击。

---

① 《热点解读:乌克兰示威者如何运用社交媒体对抗警方》,https://www.aliyun.com/zixun/content/2_6_148109.html,2016年12月3日。

随着乌克兰危机的推进,俄罗斯和西方媒体也开始了新一轮的全球传播博弈。西方媒体利用社交媒体发布控诉俄罗斯军队空袭、炸死平民的照片,煽动反俄情绪,大肆传播关于俄罗斯蛮横、凶恶的形象,一方面鼓吹西方民主自由,鼓动民主化进程,扩大西方的影响力,另一方面热衷于制造和传播本国领导人和执政当局的各种负面新闻,为政权更迭制造舆论,提升其在民众尤其是年轻人中的影响力①。而俄罗斯也不甘示弱,不仅俄罗斯电视台的英语节目推出了一系列关于克里米亚的节目,如"你需要了解的关于克里米亚的事实""克里米亚不会与'非法'的基辅政府共事""'克里米亚在枪口下公投'的说法是臆想""克里米亚公投符合国际准则""任何具有正义感的人都应该接受克里米亚人的选择""西方应该接受克里米亚现在是俄罗斯的一部分的事实"等,来宣扬克里米亚并入俄罗斯的历史根据、合法性,维护俄罗斯政府的立场②;并且利用互联网传播来消减西方媒体对于乌克兰危机的话语优势,暗中引导网上舆论,将克里米亚总检察长纳塔莉娅·波克洛恩斯卡娅从一个地区检察官塑造为克里米亚的标志性人物,成功转移媒体焦点,消减了西方媒体针对克里米亚入俄的宣传攻势,将俄罗斯从被西方媒体大力抨击的困境中解脱出来。

　　在此次危机中,社交媒体发挥了以下几个功能:首先,引导舆论,互相攻讦,传播己方立场,揭露对方的污点,影响公众认知,改变目标受众对事件的看法和态度,进一步培植民众对敌方的反感情绪,加强民众对己方的信心;其次,搜集情报,分析敌军的位置和动态予以打击;最后,对敌方实施心理震慑,利用社交媒体传播一些具有冲突性、视觉冲击力甚至大众娱乐性质的信息,出奇制胜,进行心理战,给对手施加心理压力,有效抵消对手在实体战场上的优势③。

---

　　① 《"颜色革命"中媒体的作用不可忽视》,《人民日报》2016年5月20日。
　　② 许华:《从乌克兰危机看俄罗斯的国际传播力——兼议国际政治博弈中的传播之争》,《俄罗斯学刊》2015年第3期,第61—69页。
　　③ 许华:《战外之战:乌克兰危机中的国际传播博弈》,中国社会科学网,http://www.cssn.cn/jsx/dtkx_jsx/201504/t20150410_1581382.shtml,2016年6月7日。

第三节 互联网与全球恐怖主义

互联网有时会为人类的进步事业提供助力,但有时也会成为恐怖主义用来实现某种目标的工具。本节主要探究互联网是如何与全球性的恐怖主义结合,成为恐怖分子招募新成员、制造恐慌和实施攻击的场域;互联网时代的恐怖主义与传统恐怖主义相比具有哪些新特征,并对全球造成怎样的深远影响。

由于发生原因的多样性、参与成员的复杂性和实施手段的异质化,恐怖主义在学界并没有一个被完全认可的概念。但是,整体来说,恐怖主义被认为是"有意的对广大民众使用暴力或恐吓,从而迫使一个社会群体或其政府机构满足其政治或意识形态诉求的一种行为"①。恐怖主义的实施者通常是非国家组织或秘密组织,每个组织都会设置一个或宏大或具体的政治目标,恐怖分子将会施行物理上或网络空间的暴力行为,直接结果是造成巨大的社会人身财产损失,但间接和长远结果则主要为造成整个社会的心理恐慌。尽管恐怖主义有偶发性因素,但就根本而言,在现代化与全球化的背景下,国家内与地区间的经济发展失衡、政治失范和文化冲突等社会矛盾滋养了跨国恐怖主义。

互联网并没有改变跨国恐怖主义的根本形式,但有效地促使恐怖主义扩大了组织规模,在全球范围内协作和联动,以及不受限制和审查地对民众宣传自身的理念。网络恐怖主义研究的先驱多萝西·丹宁(Dorothy E. Denning)在20世纪80年代曾给出一个经典的定义:"网络恐怖主义(cyberterrorism)就是互联网与恐怖主义的结合体。"②本书就互联网在其中的作用和恐怖主义的体现方式把网络恐怖主义分为三类。

---

① Krieger, T. & Meierrieks, D., "What causes terrorism?", *Public Choice*, 1990, 147(147), pp. 3-27.

② Denning, D. E., "Activism, hacktivism, and cyberterrorism: The Internet as a tool for influencing foreign policy", *Networks and netwars: The future of terror, crime, and militancy*, 2001, 239, p. 288.

一、互联网作为攻击对象

恐怖主义黑客把互联网作为实施攻击的工具和场所,对目标社会的基础设施造成致命性打击。丹宁把互联网上三种活动根据良性程度划分为:行动主义(activism)、黑客主义(hacktivism)和网络恐怖主义(cyberterrorism)[1]。行动主义指的是正常的、非破坏性的对互联网的使用,用以支持和推进某一议题。黑客主义指的是利用黑客技术对目标网站进行破坏性打击,但是并没有造成严重的毁坏,如网页静坐抗议(短时间内大量网友同时登陆和冲击某个网页,导致其瘫痪)、邮件炸弹和传播病毒。网络恐怖主义与黑客行为有重合,但是区别在于意图实现严重的人身和财产破坏,而非只是暂时性的示威或瘫痪网页。巴里(Barry)曾预言网络恐怖主义可能会以多种方式体现出来,比如,恐怖主义分子可能会侵入麦片生产商的电子监控设备,改变食品中铁元素的含量,使一个国家的孩子都生病或死亡;恐怖分子可以控制新一代的交通管理系统,造成两架航班相撞失事;恐怖分子还可能入侵银行系统,破坏国家汇款结算或股票交易,导致全球金融系统的崩溃,并造成大众的恐慌[2]。也有学者指出,恐怖分子要达到这种技术水平尚有一定难度,现代文明社会的管理体系也应日益重视对技术的人为监控和驯服。2011年,美国兰德公司的报告又将线上的恐怖主义活动分为两类:破坏型攻击和毁灭型攻击[3]。破坏型攻击是指电子攻击或是暂时使虚拟或实体的基础设施失效,但并不摧毁打击目标。例如,1996年的泰米尔伊拉姆猛虎解放组织对斯里兰卡外交使团发起了邮箱炸弹攻击;2000年,一群来自巴基斯坦自称穆斯林网上辛迪加的网络黑客篡改了超过500个印度网页,对克什米尔冲突表示抗议。与此相比,毁灭型攻击可能会导致实际的物理或

---

[1] Denning, D. E., "Activism, hacktivism, and cyberterrorism: The Internet as a tool for influencing foreign policy", *Networks and netwars: The future of terror, crime, and militancy*, 2001, 239, p. 288.

[2] Barry Collin, "The Future of Cyberterrorism", *Crime and Justice International*, 1997, pp. 15-18.

[3] Arquilla, J. & Ronfeldt, D., "Networks and netwars", Rand National Defense Research Institute, 2001, 10(2), pp. 238-239.

虚拟系统的毁坏,恶性的病毒或蠕虫可能导致对数据或基础设施的毁灭型打击。

互联网为以黑客主义为基础的网络恐怖主义提供了基本条件。首先,互联网的去中心化结构本是美国安全部门为防止苏联的核武器袭击而设计的,然而,其后形成的复杂混乱的结构、廉价简易的接入方式和匿名性都为恐怖主义袭击提供了温床。其次,现代社会对信息网络的巨大依赖也使网络成为恐怖组织攻击的绝佳目标①。互联网尤其是移动互联网已经在方方面面影响着人们的生活,对网络设施的攻击和操纵可以直观地影响人们对恐怖主义活动的认知,达到恐怖分子期望达到的经济损失,引起社会混乱和心理恐慌。

二、互联网作为对外传播的工具

全球恐怖主义主要把互联网当作一个传播工具,其主要目标是制造心理恐惧。网络恐怖主义的心理恐惧制造机制,是让人们把恐怖分子可以运用网络制造的活动,如关闭航班、摧毁重要基础设施、摧毁资本市场和泄露国家机密,认作是可能发生的事情②。互联网被恐怖分子充分利用,不仅可以绕过传统权威机构直接与大众进行沟通,更重要的是,它可以无限放大自身的影响力,使一个破坏能力有限的事件在大众心里产生巨大的威慑效应。

2015年,"伊斯兰国"(ISIS)通过社交网络发布火刑处死约旦飞行员卡萨斯贝(Muath al-Kasaesbeh)的视频,该视频在互联网上广泛传播。新生代恐怖主义集团已全面上线社交媒体,并通过互联网宣传自身理念和招募新成员。恐怖主义的互联网平台究竟包含哪些内容,又使用了怎样的话语风格和传播策略?根据维拉尔(Vinay Lal)的研究,恐怖分子的互联网传播平台主要运用三种传播策略③:

---

① 唐岚:《网络恐怖主义面面观》,《国际研究参考》2003年第7期,第1—7页。
② Thomas, Timothy, L., "Al Qaeda and the Internet: The Danger of 'Cyberplanning' Parameters", *Spring*, 2003, pp. 112-123.
③ Lal, V., "Virtual Terrorism: How Modern Terrorists Use the Internet", http://www.arifyildirim.com/ilt510/vinay.lal.pdf, 2017-2-2.

首先，恐怖分子会在网站或社交平台上发布组织的目标。通常组织的目标是通过树立一个共同的敌人来表述的，而且会对组织自身或组织所代表的群体进行"受害者化"处理，激发受众的同情心和巩固反叛行为的合法性。但恐怖分子对自身犯下的血腥暴行绝少提及，只有少数恐怖组织如真主党和哈马斯会在其网站上标明"烈士"和"伊斯兰敌人"的死亡数字。

其次，恐怖分子会在面向西方受众的内容里，充分强调言论自由被压制和自身受到政治迫害的情况，以引起西方社会中民众的支持。一方面，互联网带来的信息自由流通代表着西方言论自由的理想；另一方面，他们会披露当局政府对他们的非人道强制措施，来诋毁政府，并且吸引潜在的支持者和网络围观者的自责和愧疚感。

第三，恐怖分子会在网上引入"爱与和平"的话语、非暴力的解决手段等言辞来表达自身的政治诉求。恐怖分子会对自身进行"受害者化"处理，强调他们是现实秩序的被压迫者和受害者，他们的反抗是在一种"别无选择"的情况下对他们强大和残酷的敌人做出的最后一搏。

三、互联网作为组织平台

互联网不仅是恐怖组织摆脱媒体监管、对外传输组织信息的渠道，更为内部的组织和协作提供了必要的基础设施。

首先，恐怖组织计划的实施需要大量的技术支持和信息搜集，在互联网诞生之前，这需要耗费巨大的人力物力和时间对招募人员进行培训和甄选。然而，互联网庞大的免费信息资源使其成为恐怖分子的免费图书馆。恐怖组织可以借用互联网了解他们的目标，制定计划和时间表，并定位"敌人"的位置和传播破坏性的技巧。例如，许多伊斯兰恐怖主义的网站上就有教网友如何制造电子炸弹、病毒，破解美国安全部门密码和破坏电话通信网络的方法。GPS卫星定位系统则可以帮助恐怖分子更容易地实现远程精确打击。例如，在芬兰，一群自称RC的化学系学生在一个名叫"化学之家"的网站上与网友交流，并教授他们如何制作炸弹，后来一位网友在他们的支持下制造了一个自杀式炸弹，并在闹市区的商场中炸死了包括自己在内的7个人。事后，该网站虽然被其赞助者关闭，组织者们很快建立起一个替代性的网站,网友虽然不能在网站上评论,仍然可以浏览相关的炸弹制作知识。

其次,互联网帮助恐怖组织更好地相互协作。哈马斯和基地组织都被发现曾使用电子邮件或加密通信网络发布命令,相互沟通。互联网的匿名性将使政府更难追溯到信息的发布源头,与电话相比,政府更难追踪使用社交媒体进行彼此联络的恐怖分子。恐怖分子在世界各地的网吧发出信息,或是使用一次性的移动端设备,行踪不定,难以追踪。

最后,互联网帮助恐怖组织更加广泛且有针对性地招募人才和募集资金。互联网音频、视频与文字相结合的多媒体内容展示方式更容易引起潜在观众的情感触动,比传统新闻报道中的恐怖组织更容易展现出人性化、情感化的形象,获得民众的好感。同时,互联网的Java系统使恐怖分子对每位用户的语言使用习惯了如指掌,他们可以针对每位观众的语言文化特征推送有针对性的招募广告,这将使在现实中感到孤独和被遗忘的青年人更好地感受到自我价值和归属感。例如,车臣的网站上就为网页的浏览者提供了"前往阿富汗圣战""前往巴勒斯坦圣战"和"前往车臣圣战"的链接,使浏览者受到发生在全世界的"圣战"氛围的激励,进而报名加入"圣战"活动。互联网还可以帮助恐怖组织安全地获得来自全球的资助,例如车臣恐怖组织就利用互联网号召其同情者和支持者捐款,而其银行账户所在地则位于美国加州的萨克拉门托①。

> **案例 5-5:"伊斯兰国"(ISIS)的网络招募**②
>
> 根据《"伊斯兰国"推特调查》(*The ISIS Twitter Census*)报告,支持"伊斯兰国"的相关账号至少有 46 000,最多有 9 万个③。虽然官方 Twitter 会时不时地把"伊斯兰国"关联的账号冻结,但还是会有大量的

---

① Lal, V., "Virtual Terrorism: How Modern Terrorists Use the Internet", http://www.arifyildirim.com/ilt510/vinay.lal.pdf, 2017-2-2.

② 张煜晨搜集了本案例的资料。

③ "The ISIS Twitter Census", http://www.brookings.edu/~/media/research/files/papers/2015/03/isis-twitter-census-berger-morgan/the-isis-twitter-census-defining-and-describing-the-population-of-isis-supporters-on-twitter.pdf, 2017-1-2.

新账号出现。调查报告指出,这是因为Twitter和其他社交媒体一样,官方冻结账号只在受到第三者的通报时才能进行。"伊斯兰国"关联账号简介上的地址最多的是沙特阿拉伯、叙利亚、伊拉克,还有美国、埃及等国家。大多数账号每天投稿的平均数量是50件以下,其中也存在每天的发言量高达150件以上的活跃的账号。那么他们的关注度高不高呢?与拥有5000万以上的粉丝的奥巴马总统等名人比起来,这些账号的关注者几乎不超过1000人,这也是"伊斯兰国"关联的账号不容易被查找出来的原因。

组织内的成员年轻人占的比率较大,这是"伊斯兰国"的政治宣传成功的原因之一。他们的社交媒体战略很简练,有广泛地向"对世界感到愤怒的、迷茫的年轻人们"的宣传内容。"伊斯兰国"分子在Twitter上发布信息积极。账号虽然常常会被官方冻结,但是他们马上会创建新的账号,和同伙分享,试图扩大点击率。

现实中被"伊斯兰国"的社交媒体吸引的年轻人数量也在增多。韩国的MBC新闻报道:"在土耳其失踪的18岁韩国少年曾通过社交媒体提过自己想加入'伊斯兰国'的意愿。"少年的父母首先对这个报道表示否认,可是经过调查,少年的电脑中存有的"伊斯兰国"的各种资料证明少年在至少一年以前就开始对"伊斯兰国"抱有很大的兴趣,电脑内出现了大约500次以上搜索关于"IS""叙利亚"及"伊斯兰"等词的记录,还有与"伊斯兰国"成员之间110次以上的交谈记录。少年在社交网络上提出该如何加入"伊斯兰国"的问题,第二天就收到了自称是"伊斯兰国"成员的回复。之后少年再次表示自己想加入"伊斯兰国",就收到了具体的指示。少年对父母提出想去土耳其旅行,于2015年1月7日入境"伊斯兰国"。少年在自己的Facebook上发布的最后一条信息是:"我想离开这个国家和家人,只想开始我的新的人生。"

"伊斯兰国"的传播活动不仅仅局限于社交媒体,在他们运营的网站上已经实现了多数语言的信息传播,甚至发行了在线杂志。这足以说明他们拥有相当高水平的信息战技能。"伊斯兰国"发布的信息的目标人群是年轻人,为了吸引年轻人而刊登令人感兴趣的插图和照片。此外,"伊斯兰国"编辑制作的视频非常专业,精致的编辑和加工让"伊斯兰国"与以前的恐怖组织的政治宣传相比提高了水平。

本章小结

1. 随着全球化的兴起,传统意义上公民社会的行为体,如私营经济机构、社会组织与文化媒体,都开始跨出一国边界,在多国展开行动,进行全球性的资源配置,从而形成了全球公民社会。
2. 互联网为全球公民社会赋权,塑造了知情的公民,让大众更加平等地参与政治生活。
3. 全球社会运动有了互联网的参与,呈现出无领导与去中心化、全球集体认同和以互联网为动员和组织的工具的特点。
4. 网络恐怖主义是互联网与恐怖主义的结合体。互联网并没有改变跨国恐怖主义的根本形式,但有效地促使恐怖主义扩大了组织规模,在全球范围内协作和联动,以及不受限制和审查地对民众宣传自身的理念。网络恐怖主义分为三类:把互联网作为攻击对象、把互联网作为对外传播的工具和把互联网作为组织平台的恐怖主义。

第六章

互联网与跨文化传播

互联网环境下,跨文化传播的个体表现出了与传统媒体环境下的差异,并影响到群体层面,进而影响到整个文化共同体。

在互联网环境下,跨文化传播的符号具备了新的特点,最明显的就是图像、视频、音频大量被应用和传播。具体涉及个人交流,这些符号的使用与跨文化传播行为息息相关。由于互联网跨境跨国的特点,社群也突破了原有的地域限制,变得更加多元和复杂。文化认同也因为社交媒体的大量涌现,而受到来自民间和商业力量的影响。在互联网环境下,跨文化传播从个体到社群,再到文化共同体,均发生了改变。以民族国家为单位的跨文化传播正在慢慢变化,互联网使得一批身份各异而又极具话语权的意见领袖涌现,商业力量在互联网环境中对跨文化传播的影响更大了。

本章首先讨论互联网环境中的跨文化符号,其次探讨互联网环境中的个人与群体,最后描述互联网环境中跨文化传播呈现出的新特点。

第一节 互联网环境中的跨文化符号

在人类的传播行为中,符号是最小的单元,它包含了语言符号和非语言符号。语言符号即指人类特有的口语和文字,是一切符号形式中的基础。非语言符号则涵盖更多,包括表情、姿态、颜色、空间、服饰等等。

在互联网环境下,这些符号已发生改变——在个体的人际传播中多了一块电子屏。这块电子屏突破了人际传播时间和空间限制,又涌现了许多新的符号,对跨文化传播产生了新的影响。

一、互联网传播中的语言符号

语言总是与国家、民族和文化联系在一起,不同语言根植于不同的文化。人类学家伊文斯-普理查德认为:"如果研究者弄懂了某种语言中全部词汇的意义(在各种相关情景中的运用),也就完成了对一个社会的研究。"①他强调了词汇的重要性,研究词汇就可以全面认知整个社会,词汇包含在语言系统里面。

互联网的普及对人类的语言系统产生了重大的影响,比如提升了语言表达效率,促进了不同语言之间的协作,全球文化在互联网环境下互动增多,而且跨文化合作也越来越多。

1. 互联网改变了语言的使用方式

当有人说"你 Google 一下"时,不少年轻人会下意识地打开手机或电脑里的搜索引擎。谷歌是一家全球有名的美国互联网公司,同样也代表世界首屈一指的搜索引擎产品,但在 2006 年被引入韦氏词典的时候,它变成了动词,代表着"在网上搜索一下"的意思。语言使用方式的改变可能不仅局限于网络媒体中,但互联网有加速这种语言使用习惯传递模仿的能力。每一种语言都有其相应的用法和相应的规则,互联网为语言的更新提供了一个更包容、更富创造力的环境,远超过传统媒体所提供的土壤。互联网也使得语言的使用方式快速地被社会接受,能够在全球范围内快速被传播和模仿。

2. 互联网促成了不同语言之间的协同

互联网公司开发的翻译工具试图帮助异文化中的个体理解彼此,移动互联网则大大增加了交流的便利性。如今,在随身携带的移动终端上下载一个翻译软件,连接上网络,就能够与外国人进行简单的交流,至少能够表达一些基本的需求,例如"我要去哪里""我要找谁"。在互联网出现之前,如

---

① [美]罗伯特·尤林:《理解文化》,何国强译,北京大学出版社 2005 年版,第 48 页。

果想要与外国人进行交流,必须要接受长时间的语言教育,从最简单的拼音、字母认知,到词汇,再到句子和语法。互联网缩短了交流所需要的前期学习时间。在互联网环境中成长的一代人具备对最新媒体产品的快速学习能力,几分钟,或者十几分钟,就能够学习如何使用一款带有翻译功能的应用软件。

人工智能(AI)技术正在成为研究者们下一个想要突破的方向。技术人员们希望能够通过大数据与算法,让计算机变得像人的大脑一样聪明,不少科技公司试图做出 AI 翻译产品——聪明得像一个在不同地区生活了很多年的翻译者,能够基于对不同文化环境的理解,给出最本地化的翻译内容。人工智能翻译工具为不同文化个体间的交流提供了一个乐观的前景,有效的跨文化交流与合作可以借助互联网新媒体技术得以实现。

案例 6-1:维基百科

维基百科是一部用不同语言写成的网络百科全书,是一个动态的、可自由访问和编辑的全球知识仓库。每天都有来自世界各地的使用者进行数千次的编辑和创建新条目。2002 年 10 月,中文维基百科正式运行。网络百科全书促进了世界范围的信息交流。

维基百科对于多语言的使用被称为全球知识传播和分享的新方式。维基百科是自由、协作编写的网上百科全书。在维基上可以看到纷繁复杂、各不相同的多语言文本,包括一些小众语言,如夏威夷语和纳瓦霍语。

开放与共享使维基百科能够吸引来自全球的大量用户,利用自己的盈余时间来共同参与百科全书的编辑。它能够产生更大的效果,让知识、成果传递给更多的用户。"截至 2016 年 9 月,维基百科全球所有 248 种语言的总条目数达到 4 177 万条。2016 年 9 月单月全球参与者为 225 万人,每天平均新增 18 551 个条目。"[①]

---

① Erik Zachte,维基百科数据,https://stats.wikimedia.org/ZH/TablesRecentTrends.htm,2016 年 10 月 11 日。

> 以代码为技术支撑的维基百科带动了互联网时代知识的全球化传播，打破了传统媒介环境下时空限制、传播载体流动性弱、传播主体发言途径少、传播对象分散、传播频率低等各方面的局限。在促进知识、文化在全球范围内对等、有效流动方面，创造了一项互联网时代的丰功伟绩。

二、互联网环境中的非语言符号

非语言符号包含两重性质——生物性和社会性。前者指所有人类因其生物属性而产生的、具有普遍意义的特征，例如皱眉即代表负面的情绪；后者则指不同的人在不同的文化环境、民族氛围中成长，所习得的带有群体文化印记的非语言符号表达，例如世界上大部分的国家，点头表示"是"，摇头表示"否"，但在保加利亚、尼泊尔、阿尔巴尼亚等地区，则代表刚好相反的含义。这两重性质让非语言符号的跨文化传播更为复杂：大部分情况下看起来似乎比语言符号更容易传播和理解，但却增加了不确定性。

互联网为非语言符号带来革命。表情包是一种能调用语言、图像、动作等多种手段和符号资源进行表达的话语形式，它可以将语言和其他相关的意义资源整合起来，但图像传达的意义占更重要的部分[①]。网络表情经历了从 ASCII 符号、颜文字、emoji 表情、魔法表情、动态表情到表情包的演变过程，从简单到复杂，由静止到动态，逐渐在网络交流中占据重要地位。2011 年，苹果公司发布的 IOS 5 输入法中加入了 emoji 表情包后，表情符号就开始席卷全球，普遍应用于各种手机短信和社交网络中。为了迎合世界各地用户们的偏好和习惯，设计师们在更新版的 emoji 表情包中，为每一个人物表情都匹配了 6 种发色和肤色的组合，据说这样是为了尊重每一个民族。同样，为了尊重不同国家在同性恋问题上的态度，emoji 还贴心地增加了男男、女女组成的家庭组合。尽管可以将这种做法视为是开发者们对用

---

① 郑满宁：《网络表情包的流行与话语空间的转向》，《编辑之友》2016 年第 8 期，第 43 页。

户体验的重视,但更重要的事实是,全球范围内,已经有不少用户开始用表情取代部分文字传递消息,甚至能够用表情完整地表达意思而不用任何文字说明。

社交媒体的普及为非语言符号(大多数情况下指表情图)在传播体系中带来了身份革命。从前,它们的功能仅在于重复、补充、调整、替代或强调语言符号传递的信息,也就是处于语言符号的从属地位,语言符号则明显处于支配地位。现在,这些非语言符号已经尝试着承担"独自上阵传递完整消息"的功能,即在某些情境中,它们已经不再是语言符号的从属者,而成为主角。这种非语言符号是一种不见诸文字、无人知晓但人们都能理解的信息载体,即使双方语言不通,仍然能够通过 emoji 表情交流明白大概意思。

> **案例6-2:全球在线教育**①
>
> 　　互联网为身体语言创造了更多的展示空间,也带动了在线教育的蓬勃发展,并且其全球化趋势日渐明显。2007年,随着大规模开放在线课程的出现,全球在线教育的发展进入到一个新时期。2007年,美国犹他州立大学的大卫·威利(David Wiley)教授基于维基百科发起了第一个开放课程。2008年,加拿大里贾纳大学的阿雷·库洛斯(Alec Couros)教授开设了网络课程《媒体与开放教育》(Media and Open Education)。这两门课程成为慕课(MOOC, Massive Open Online Courses)的前身。MOOC真正开始广泛引起关注是在2011年,斯坦福大学教授塞巴斯蒂安·史郎将其人工智能课程放上互联网。
>
> 　　如果从前这些世界名校们还在靠出版物向全世界传播知识与文化,现在他们更多选择用在线教育与课程来进行知识的共享。无缘进入这些世界名校的知识爱好者们,现在可以用这种方式体验精英们的教育氛围,通过互联网感受这些授课者们的表情、手势、姿势、辅助语等身体语言,让学习效果得到有效提升,并能更好地理解异域教学文化。那些非语言符号能给予学习者某种启发,甚至还能够借助各种途径与知识的分享者互动,比如在 Twitter 或 Facebook 上找到他们,发送问

---

① 王梦卉搜集了本案例的资料。

题,期待得到他们的回复。

尽管全球在线教育的蓬勃发展在一定程度上弥补了传统教育封闭、本土化的缺陷,但由于各国的政策支持、经济技术投入和平台建设方面还存在较大差异,在线教育对全球教育资源公平的改善收效并不是很大。事实上,对于在线教育的设想虽然足够好,但由于发达国家在各个方面有其天然优势,且发展中国家的互联网普及率并不十分乐观,全球教育公平在短时间内仍然难以实现。

曼纽尔·卡斯特在《网络社会的崛起》中提道:"由于新传播科技聚焦于多样化的专业信息,大众社会逐渐演变为'区隔社会'(segmented society),因此阅听大众日渐因意识形态、价值、品味与生活风格的不同而分化。"[①] MOOC 也发展了自己的私播课(Small, Private Online Courses,简称 SPOC),关注个体学生对于在线课程的具化要求。

在线教育强调了更多非语言符号,授课者个人的表达风格、外表特征、个人习惯等都有可能成为网罗起一批忠实学习粉丝的理由。知识不再是死板和一成不变的了,它将通过非语言符号展示出浓厚的个人风格。

第二节 互联网环境中的个人与群体

诞生并成长于不同文化的个人,在面对同一事物的时候,往往会根据自己的文化经验和心理结构对事物进行独特的解释和理解。其心理建构包括感知、思维和态度三方面,并长此以往搭建起一套较为固定的认知结构和行为模式。同一文化群体中的人们不可避免地拥有潜在的、相似的心理过程。

信息技术的发展使得不同文化中的个体认知结构和行为模式产生变化,全球共用互联网,可能使来自不同文化的人们具有某些共性,而了解这些共性正是突破文化间壁垒、进行有效传播和沟通的关键。个人认知和心

---

① [西]卡斯特:《网络社会的崛起》,社会科学文献出版社 2006 年版,第 421 页。

理态势的改变,正是从微观层面上反映着跨文化传播在互联网环境下产生的新特点。

群体的概念在互联网环境下也发生了变化。最直观的表现是突破传统民族、国家、地域的限制,在网络虚拟环境中出现越来越多基于兴趣爱好或其他核心利益的文化群体,并且这些虚拟环境中的社群日渐变得与现实世界的社群有同样的组织结构。线上和线下实现互通与协同。不同文化群体之间的交流碰撞频率更高、形式更多元。这些都让传统意义上的跨文化传播产生新的特性。

一、互联网环境中个人的认知和态度

不同文化有着不同的认知体系,在认知体系中,个体根据特定的心理结构或经验去解释、理解客观世界中的各种事物。不同文化群体及其成员也必然受到文化环境、生活方式、生活经验的制约,从而表现出各不相同的认知特点,展现出不同的感知、思维和态度,也呈现出迥然有别的行为模式。

在跨文化传播中,由于历史及现实因素,不同文化群体间往往存在刻板印象和偏见。互联网培养了个体不同的使用和传播习惯,并影响了刻板印象与偏见的形成机制。

在跨文化研究的视野中,刻板印象主要指人们对其他文化群体特征的期望、信念或过度概括(overgeneralization),这种态度建立在群体同质性(group homogeneity)原则的基础之上,具有夸大群体差异而忽略个体差异的特点[1]。由于我们所处的环境十分复杂,且由于各种条件限制在认知上有限,因此会在以往经验的基础上,建立起对某一类人的群体划分。如果下次再碰到一个人符合先前划分的群体特征,我们的思维会自动把这个人归为这一群体,并在这个人身上贴上自己为这一群体事先设立好的各种标签,预先构造形象,这就是刻板印象。

刻板印象会形成偏见。依赖于过往经验进行判断是人类启动自我保护

---

[1] Stella Ting-Toomey, *Communicating across Cultures*, Guilford Publications, 1999.

模式的无意识行为,对于保护自己,以及开始新的认知学习有一定的积极意义,但偏见有许多消极的影响。从心理学上来看,对某一文化群体带有偏见,往往会产生偏离事实、不成熟的判断,并且固执己见、拒绝改变态度。在这种情况下,经常会无意识地寻找证据以支撑自己的偏见,从而加强偏见,并开始排斥被偏见的群体,带来有伤害性的歧视行为。

从社会冲突学派来看,决定刻板印象影响和偏见大小的因素主要是信息量——对一个人的信息量越少,越容易按照已有的形象理解这个人,刻板印象的影响越大;而逐渐增多的信息,则是弱化刻板印象的关键因素。

互联网使人们获得了更多的信息,在互联网上认识其他文化群体的人们,探讨不同的文化习惯,甚至语言不通也可以依靠翻译软件和视频图片等简单易懂的表达来进行交流,逾越时间、空间上的限制,打破媒体由于固有阶级属性或利益关系塑造的千篇一律的形象。

但互联网对刻板印象和偏见的影响也是双重的。一方面,理性的思辨者更有可能接触更加多元的信息渠道,从而不断调整、更新自己对某一文化群体的认知,使刻板印象和偏见得到弱化。刻板印象和偏见是无法彻底消除的,但对于其所产生的消极影响,互联网搭建的合作平台或许能起到弱化的作用。而另一方面,固守成见者更容易在选择性注意、接触、理解、记忆四个环节上,强化已有观点,加深对其他文化群体的刻板印象。互联网使得受众变得更为积极,媒介的"受众"逐渐变成媒介的"用户",积极性得到了提升。用户也会根据自己原先的喜好和倾向来挑选某些信息,从而加强自己的刻板印象。

互联网提供了一个超越地域、国籍、民族、文化限制的平台,人们被重新分类。想象一下现实生活中我们所在的文化群体是不同的地面公路,而互联网就像重新划分群体的高架桥:一个二次元文化的爱好者,不论哪个国家,都可以在中国的 AcFun 和 Bilibili 网站上就二次元内容进行交流互动;一个游戏爱好者,能够与来自不同国家的玩家一起完成任务;"果粉"(苹果公司产品的粉丝)之间则能够形成联盟与安卓系统的粉丝在网络上辩论……虚拟的跨文化群体就是这样形成的,有共同兴趣、目标的人群重新聚合在一起,摆脱现实中的身份因素,在新的虚拟环境中平等地进行协作与交流,遵守"新世界"的规章制度,在合作中加深了解,为弱化跨文化偏见的消极影响提供更便捷和多元的平台。

案例 6-3：弹幕文化①

弹幕指即时评论字幕,最早为军事用语,指"炮火射击过于密集以至于像一张幕布一样的炮火战术"②。后经日本视频网站 niconico 使用,把它的内涵扩展为"同一时间视频被大量评论覆盖"。我国主要由 AcFun、Bilibili 两个动漫爱好者聚集的网站从日本引入并发扬开来。

由于弹幕视频模式起源于日本的动漫文化圈,最初在中国出现的弹幕网站的受众也是宅文化(指爱好动漫电玩产业,有别于中国传统认知)的爱好者。在这样的一个相对封闭的虚拟空间中,他们形成了极有特色的社群,也出现了特有的话语模式。

使用弹幕视频的用户有两重定位。一方面,他们是宅文化的受众,有着共同的爱好和对宅文化的价值取向。另一方面,他们可以接受弹幕的形式。"用香农的信息论来说,相对于传统视频观看体验,弹幕本身带有一定程度的'噪音'性质,它在信息聚合上与任何公开的言论平台都有其相似性,它所呈现的信息是溢出式、混杂式的,在噪音非噪音之间保持着一种微妙的平衡,因人而异,这也就决定了所谓的熵值、冗余、噪音具有个体化和相对性。"③对于传统的视频观众来说,弹幕可能会引起不适。但是一旦接受了这种形式甚至为了这种形式去看视频,同时还发展出了基于宅文化用语之上的弹幕文化用语时,弹幕受众的共同特质就极为明显了——他们有同样的爱好并同样享受其中。

弹幕使用者文化圈子的向心力非常强,但也存在一定的排他性。从不同文化群体的角度来看,大量的弹幕出现在屏幕上时,它就构成了一种话语环境,这种环境也对其他群体形成一种屏障。

有一种解释性的弹幕是这样运用的:当剧中人物说出的某个词汇或语句,要基于其文化历史背景才能理解时,就会有观看者对该对白做

---

① 周冰倩搜集了本案例的资料。
② 王佳琪:《基于弹幕视频网站的弹幕文化研究》,山东师范大学博士论文,2015年,第10页。
③ 同上,第32页。

详细的历史、文化背景描述。这种解释性弹幕发布者的心理动机可能是要消除其他观看者的文化盲点或偏差,而愿意接受其知识科普的观众也希望产生"正确的理解",参与者的共同目的很简单——尽可能地接近、重现创作者的意图。

这种弹幕互动为跨文化传播带来了明显的效果,观看者和弹幕参与者都自觉或被动地了解到更多异文化内容。如果解释者恰好是这一文化中的个体,那他的说明将更具说服力。在弹幕场景下的解释和证明更能弱化刻板印象和偏见的消极影响。而传统媒体的观看者没有技术条件,也缺乏意愿去做这样的跨文化知识分享。

二、互联网环境中的群体规范与社会认同

一个社会的文化是指一定人群所共享的规范和认同,它为人与人之间的社会互动提供潜在的假设和期待。

规范是社会成员共同拥有的、反映社会目的,并能创造出特定群体稳定的、共享的行为模式。规范是使社会成为整体的准绳,要求每一名社会成员遵守,并保证了共同体的利益。

认同分为两类:自我认同与社会认同。自我认同就是个体自我的呈现,与个体在社会结构中的地位及扮演的角色紧密相连;社会认同是与群体相关的认同,是群体在社会化和文化涵化过程中形成的一致性认同,主要表现为一种社会和文化的过程[①]。

有效的跨文化传播关键在于找到一个共有的社会规范,并让人们基于规范进行有意识的社会互动,在这个过程中完善自我认同和社会认同,让希望表达的意思被更好地接收和理解。

互联网为跨文化传播中规范和认同的共享提供了新的机遇。在互联网上产生了许多新的符号,并为原来的符号赋予了很多新的意义。互联网使

---

① 孙英春:《大众文化:全球传播的范式》,中国传媒大学出版社2005年版,第102—108页。

得人们的社会互动产生了新的变化。基于传统标准划分的社群和阶层正在被全球化和互联网重新划分,全世界的人们正在运用互联网进行规范和认同的重构,从而进行自我身份的建构。跨文化传播有了新的特征和意义。

1. 互联网促进规范共享

跨文化传播中最大的障碍是不同价值观之间的冲突,个人对本群体归属感越强,则产生冲突的可能性越大,个人态度难以被影响。因此,要在此障碍上保证有效传播,就要确保各方能够对规范共享。

传者如果希望信息能够被受者有效接收,就要遵守受者的社会习俗、道德规范和法律。但在传统媒体环境下,了解这些信息的成本较大,对传者适应规范的能力要求较高,跨文化中的有效传播障碍较大。而互联网以其信息量的巨大和传播的便利帮助传者和受者进行更好的跨文化有效传播。

就跨文化传播中的规范共享而言,互联网环境下的个体对虚拟社群中的规范具有更高的接受能力,例如网民对自己所处网络社区的一些特定规范比较容易接受。传统的自我认同在个体到了成年期后都会形成相对真实、成形和稳定的模式,但互联网独特的传播和互动方式,让个体在互联网上建构新的自我认同,这种认同与真实世界中的自我认同有异同。

就跨文化传播中的阶层而言,跨文化传播呈现出一种倒金字塔式的结构——上层的人交流更为频繁,越到下层则越缺乏交流的机会。但互联网在降低交流成本、促进世界扁平化的同时,为更多底层的人提供了互联互通的平台,同时也提供了成本更低的学习和交流平台。

传统意义上,跨文化传播更多地发生在身处不同文化中身份相似的人群之间。现在互联网为这些相似的人群提供更为便捷多元的交流途径,通过各种越来越真实的互动方式,不断强化其共同搭建起的虚拟社群中的文化归属感。兴趣和需求在互联网环境中被越来越细分,着眼于各种亚文化的网络社区层出不穷,并且不断完善本社区内的各种规范。例如"A站""B站"通过让用户回答"二次元专业"题目来对成员进行筛选,并对访问者进行潜移默化的规范普及。

2. 互联网促进文化的螺旋认同

伊丽莎白·诺尔-诺依曼提出"沉默的螺旋"理论,试图描述个体受群体意见的影响而产生不同的表达意愿:人们表达自己观点时,如果看到自己赞同的观点被欢迎,则会倾向于说出自己的观点,并且引发越来越多持相同观点的人的表达;但如果发现某一观点很少发声,甚至有批评的声音,则会倾向于沉默,甚至修正已有的观点。意见一方声音的不断强大,另外一方的沉默,会形成不断往复螺旋发展的过程,优势意见更强势,劣势意见更弱势①。

互联网为文化的传播也营造了这样一个螺旋认同的氛围,优势文化产品在传播中更容易获得广泛关注,劣势文化产品则容易被信息洪流淹没。社交媒体的发展为个人带来更多表达意见和观点的机会,代表独特的发现视角和多角度解读,但优势文化似乎总能获得更有利的传播地位。

优势文化产品,如欧美文化,基于长期的全球发展和其背后庞大的资本、技术力量的支撑,往往能通过强势的商业营销获得广泛的关注度。一部分自媒体②可能会因为商业利益而为这些优势文化背书,另外一部分自媒体则不得不加入这个声势浩大的"宣传队伍"——围绕这些被广泛营销的文化产品生产内容,提升自媒体在搜索引擎上的排名,从而扩大商业利益。许多自媒体,本身就聚集着忠实的粉丝,其对优势文化的追逐,一方面加大了这些优势文化的传播力度;另一方面,通过巧妙地将优势文化与自媒体本身的理念相结合,无意中增加了该优势文化被本群体的认同。

案例 6-4:《疯狂动物城》的全球传播

好莱坞动画近年来不断扩大在中国电影市场的宣传力度。2016年3月4日,中国与北美同步上映了一部好莱坞动画片《疯狂动物城》(Zootopia)。该片上映后,中国首日票房2 239万元人民币,首周3天票房累计1.55亿元人民币。截至3月19日,该片票房累计过10亿元人民币,成为中国影史首个过10亿元人民币的动画片③。截至4月10

---

① [美]沃纳·赛佛林、小詹姆斯·坦卡德:《传播理论:起源、方法与应用》,华夏出版社2000年版,第298页。
② 自媒体又称"公民媒体"或"个人媒体",是指私人化、平民化、自主化的传播者,以现代化、电子化的手段,向不特定的大多数或者特定的单个人传递信息的新媒体的总称。
③《超越"熊猫3"〈疯狂动物城〉10亿票房创纪录》,腾讯娱乐,http://ent.qq.com/a/20160319/030324.htm,2016年3月20日。

日,该片北美票房2.85亿美元,海外票房5.27亿美元(约34亿元人民币)①。

在《疯狂动物城》的推广中,自媒体在推广美国文化的认同方面扮演着十分积极的角色。一方面,自媒体的文章更有力地通过《疯狂动物城》传播了美国的现状和诉求,帮助人们认识了当今的美国。动物城里不同种类的动物和谐共处,即使中途出现过紧张的关系,最终还是在一场盛大温暖的演唱会中重归于好。在现实生活中,美国社会依然面对种族、宗教、阶级和性别的冲突,阶级分化愈演愈烈,种族歧视依然存在。这样的美国需要像《疯狂动物城》里所追求的那样,推动种族的融合。而通过这一部动画片的互联网解读,全世界人们能对美国现实有更生动的了解,对美国的发展愿景有更深的体会。

另一方面,自媒体的文章更多地会描绘世界各民族文化间的共性。如同导演拜伦·霍华德在接受采访时所说的,"之所以影片变成后来这样关于不同动物种类之间关系的描摹是因为我们发现动物界90%是被捕食者而只有10%是捕食者"②。偏见、歧视、心机和低效率,无一不会出现在任何国家中。当观众观看影片时,或许不会体会到这些画面背后更深刻的蕴意,而当自媒体都开始分析时,网民开始慢慢了解动画片所要传达的中心意思。尤其是当自媒体报道各国观众其实看到的是不同版本的《疯狂动物城》时,熟悉的景象和动物们除了让各国观众更有真实感,也让人们被好莱坞动画的细致、尊重和贴心程度打动。

通过自媒体的传播,无论是人们所了解到的美国文化,还是所体会到的社会现实,都无一例外地推动了跨文化传播。自媒体往往会在好莱坞动画的小细节和深入理解上下功夫。当自媒体的文章借助互联网环境极快广泛地传播开来时,跨文化之间的传播和交流也更加深入了。当然,这种传播和

---

① 《动物城票房超15亿　创造历史热映程度非同一般》,《山西晚报》2016年4月12日。
② 《〈疯狂动物城〉制片人克拉克·斯宾塞揭秘动物城》,腾讯娱乐,http://ent.qq.com/a/20160312/011415.htm,2016年3月12日。

交流是单向的,即互联网帮助强势的美国文化向其他文化进行传播。美国动画内容形式的进步和互联网环境下自媒体的发展,加速了美国文化在世界范围内的认同感。

第三节 互联网环境中跨文化传播的特点

互联网改变了人们的交往和交流方式,文化交流也在新的技术条件下加速,它不再作为经济流通的附属品被讨论,而是在个体的社会交往中发生变化。多元文化在互联网环境下以超越过去的速度和力度发生着碰撞、合作与自我形塑。实际上,"文化差异是客观存在的,但人们对差异的态度和倾向却是主观的"①。互联网的种种特性并不能改变文化之间的差异,让它们变得一模一样,互联网只是改变了人们的倾向和态度,在这个基础上,个体对不同文化理解和吸收,从而推动文化的融合与创新。

一、黯淡的传统把关人

传统媒介环境下,优势文化群体对弱势文化群体存在较为明显的排斥和误读。优势文化群体往往认为本文化群体的思维模式和价值判断标准更胜一筹,因此对于弱势文化群体会进行片面的文化传播。同样的,在全球传播中,弱势文化群体早已认识到这种不对称传播对本群体文化带来的冲击。

传统意义上的文化群体仍然以民族国家为界,各国媒体在进行传播时都不可避免地服务于国家利益和意识形态,对事实进行选择性地表述,以强化其核心价值。拥有话语权的传统媒体扮演了极具力量的"把关人"角色,通过对媒介产品进行不同形式的组合和表现,对信息和文化产品加以把关和解读,使受众看到"把关人"希望看到的内容,从而影响了受众的思考和理解。

---

① 孙英春:《大众文化:全球传播的范式》,中国传媒大学出版社 2005 年版,第93页。

互联网环境下，这些传统的、代表所属国家利益和意识形态的"把关人"，其影响力不再那么巨大。公众有了更多的空间自由，自主地进行文化交往。他们会自己搜索信息，质疑传统媒体的说辞。对公众更具影响力的"把关人"身份从传统媒体手中部分转移到了网络意见领袖手里。这些意见领袖以自己的影响力和观点，为粉丝进行第一层信息筛选，同时通过自己的解读，对粉丝的认知形成更大的影响。如果意见领袖对异文化有更全面和公正的认知，其文化解读往往能促进跨文化传播的积极发展；但如果意见领袖本身对异文化的认知存在偏差，则可能产生负面作用。

互联网正在以自己的标准对全球文化的交流产生影响。麦克卢汉提出"媒介即讯息"，表明不同媒介因其特点不同，会为使用者带来不同的思维方式和行为方式，在影响个体的基础上参与到整个社会结构的形塑之中①。当前在互联网环境下成长起来的受众们，对传统媒体"把关人"的信赖度已经没有像以前那么高了。

二、大数据与场景化跨文化传播

跨文化传播经历了从组织化的传播行为，到个体之间通过互联网进行人际传播，再到组织化的传播主体利用大数据进行跨文化精准、场景传播的过程。其背后的影响因素包括政治环境、经济实力和技术条件等。

在互联网行业里，场景（context）被定义为一种连接包含不同个体和社群的方式，是价值交换和生活方式的表现，通常包含时间、地点、人物、事件和连接方式五大要素。场景营销是将营销方式与人们的生活场景紧密结合起来的一种营销手段，现在，跨文化传播同样能够利用这种手段。例如在个体对异文化接收能力最强的时间与地点推广有价值的、相关的文化内容。

移动互联网可以获取用户的行为数据，能精准刻画其行为习惯，个人在使用移动互联网过程中留下的信息线索越来越多，政府和企业能掌握互联网渠道，来获取海量的用户行为数据，并对其进行分析和预测，从而达到更为精准和有效的传播。

---

① ［加拿大］马歇尔·麦克卢汉：《理解媒介》，何道宽译，译林出版社2011年版。

在前期传播过程中，传播主体可以通过数据挖掘精准了解用户喜欢哪种传播渠道、喜欢什么内容，乃至接触某种传播形态的时间和在何种环境下接触，从而为身处该文化中的个体设置精准的传播平台和内容，制定具有前瞻性的传播策略。

同时，多维度受众分析和融合渠道的实时舆情监测，能够即时获取本次传播的效果，不断对传播策略进行反馈和修正，进行效果测量和渠道创新，从而使跨文化传播的效率得到提升。

企业可以从互联网上获取数据，了解受众的喜好，将自己的文化产品以不同的价值观和表现形式包装，以期更顺利地出售给异文化群体。互联网为这样精准、高效的跨文化传播确实提供了支撑和动力，但仍然有一个关键的障碍需要跨越——如何获取陌生文化群体的数据。这些数据往往掌握在大型跨国公司的手中，但是这些科技公司是否愿意公开自己的数据，从而为跨文化传播带来助益？如果要公开，公开哪些部分、谁来监管、如何做好隐私保护工作等问题，都需要不断探索和斟酌，这也为各国建立数据公开的标准和制度提出了挑战。

案例 6-5：Netflix 基于数据分析的文化产品

Netflix 作为一家流媒体播放平台，是一家在全球有影响力的美国公司。Netflix 为人们所熟知是因为《纸牌屋》。这部美剧是让 Netflix 全球闻名的里程碑，仅仅是 2013 第一季度，它就帮助 Netflix 新增了 200 多万个用户。此后接连出品的多部自制剧的成功奠定了 Netflix 互联网视频服务行业的霸主地位。

从 DVD 线上租赁公司起家，Netflix 最大的优势就是随着技术的一路更新，掌握着千万量级的观众观影喜好的数据统计。每天用户的 3 000 万多个行为、400 万个评分、300 万次搜索请求，都被这个数据库一一记录并用不断升级的算法计算，因此他们可以知道最有可能带来收益的剧集是什么。高价买断《广告狂人》《绝命毒师》等当红剧集的独播权，选择受众喜欢的题材、导演和明星阵容自制《纸牌屋》，都是基于其引以为豪的数据库。

Netflix 在 20 世纪末就赶上了互联网的浪潮,是全球最早一批开发 OTO(online to offline)模式的公司。OTO 模式不仅节省了用户去门店租借、归还的时间和成本,也为公司省去运营实体店的开销以及麻烦。将前期选购转为线上,使得 Netflix 可以分析用户行为,创建数据库,在接下来的大数据时代抢占了先机。线上管理的集中性使得 Netflix 可以及时得到市场反馈,根据动态制定营销策略,优化其线上线下的配置,以最低的成本争取最多的用户。

在大数据年代,数据就是财富。Netflix 强大的推荐系统 Cinematch 就是它最有价值的资产。Netflix 为这个系统投入了许多心血,曾经两次举办 Netflix Prize,以百万美金的报酬吸引全世界的人才为他们优化 Cinematch 的性能,不仅要提高准确率,还力求通过隐藏观众的地理数据和行为数据为那些不经常做影片评级或者根本不做评级的顾客推荐影片。现在的 Cinematch 可以利用用户自填信息、浏览历史、打分系统、Facebook 好友信息等数据来计算用户的偏好,再糅合保证让用户有足够新鲜感的更新特征,最终选择合适的展现在用户面前。

Netflix 在经历几年的探索后开始大规模进军世界各地的市场。然而如何有效地进行跨文化传播仍然是一个核心问题。Netflix 不断地完善自己的语言选项,并在官网上公布了字幕制作规范,力图在跨文化传播上做到专业。

2012 年开始,Netflix 美国用户的同比增长率开始慢慢下降。2014 年第 3 季度,Netflix 海外用户的增长量达到了美国本土用户增长量的两倍之多。Netflix 自然加快了全球布局的脚步,在 2015 年时,Netflix 主要向北美、拉丁美洲、欧洲的 50 多个国家的订阅用户提供流媒体内容,当年他们开始将日本作为扩张亚洲市场的第一站,并进军大洋洲。2016 年 1 月,Netflix 的 CEO 宣布,Netflix 将新增包括中国台湾在内的 130 个国家和地区的业务,除了原有的 18 种语言的配音和字幕,还进一步提供阿拉伯语、韩语和中文的字幕和限量配音。截至 2016 年第一季度,Netflix 已经在全球 190 个国家上线,拥有超过 8 150

万用户。

　　Netflix如果想打开全球市场,就必须将自己从前在美国使用的一套数据统计方法应用到其他文化群体中,了解目标文化群体的喜好、习惯、反馈,并且挖掘潜在的市场空间。只有这样,才能针对新的文化群体制作出符合其文化价值观、容易被接受的文化产品,从而使传播效果更为显著地提升。

本章小结

1. 互联网改变了语言的使用方式,促成了不同语言之间的协同。在互联网环境下,跨文化传播的符号具备新的特点,最明显的就是图像、视频、音频大量被应用和传播。
2. 互联网对刻板印象和偏见的影响是双重的:一方面,互联网提供了更加多元的信息渠道,使刻板印象和偏见得到弱化;另一方面,固守成见者更容易在选择性注意、接触、理解、记忆四个环节上,强化已有观点,加深对其他文化群体的刻板印象。
3. 互联网为跨文化传播中规范和认同的共享提供了新的机遇。在互联网上产生了许多新的符号,并为原来的符号赋予了很多新的意义。互联网使得人们的社会互动产生了新的变化。基于传统标准划分的社群和阶层正在被全球化和互联网重新划分,全世界的人们正在运用互联网进行规范和认同的重构,从而进行自我身份的建构。
4. 互联网环境中跨文化传播的新特点表现为传统把关人的削弱和大数据与场景化跨文化传播。

第七章

互联网与全球健康传播

1994年,美国传播学者罗杰斯提出了流传广泛的健康传播定义:"健康传播是一种将医学研究成果转化为大众的健康知识,并通过态度和行为改变,以降低疾病的患病率和死亡率、有效提高一个社区或国家生活质量和健康水准为目的的行为。"[①]20多年来,随着人类共同面临的健康风险加剧,健康已成为一项刻不容缓的全球议题,健康传播也经历了全球化的过程,而且在促进全球健康中扮演了重要的角色。

随着互联网的兴起,全球健康传播呈现出新的趋势和变化,其经典模式也有了创新和发展。本章先介绍什么是全球化背景下的健康传播,其次探讨互联网环境中全球健康传播呈现出的特点,然后展示了互联网推动全球健康传播模式的变革,最后探讨"冰桶挑战"和埃博拉病毒防治的全球传播。

第一节 全球化背景下的健康传播

全球化以来,健康成为全球传播的重要议题,尤其是近年来,全球健康成为人类愈加重视的议题。在联合国设定、189个国家代表通过的《千年发展目标》中,与全球健康直接相关的议题占据了八项目标中的三项:降低儿童死亡率,改善产妇保健,与艾滋病、疟疾和其他疾病做斗争。报告中的数

---

① Rogers, E. M., "The Field of Health Communication Today", *American Behavioral Scientist*, 1994, 38(2), pp. 208-214.

据显示,全球孕产妇死亡率下降了45%,主要的下降发生在2000年以后。用在与艾滋病、疟疾和其他疾病做斗争的投资带来了前所未有的成果。2000—2015年年间,有超过620万人避免死于疟疾,全球新增疟疾病例在过去15年中下降了37%。2000—2013年年间,预防、诊断和治疗结核病的干预措施拯救了约3 700万人的生命。自1990年以来,全世界有21亿人可使用经过改善的卫生设施,露天便溺者的比例几乎减半。2000—2014年年间,来自发达国家的官方发展援助按实际值计算增加了66%,达到1 352亿美元。据联合国艾滋病规划署2015年7月发布报告,自2000年以来,全球共避免新增3 000万艾滋病病毒感染者,与艾滋病相关的死亡人数减少近800万[1]。

近几年来,全球也不断爆发出影响全球的传染性病毒。例如2012年至今,中东呼吸综合征在全球扩散,该病毒于沙特阿拉伯首次被发现,在整个阿拉伯半岛循环后输出到中东以外地区,包括非洲的埃及和突尼斯,欧洲的法国、德国、荷兰、希腊、意大利和英国,亚洲的韩国、菲律宾、马来西亚和黎巴嫩,以及北美的美国(据中国疾病预防控制中心)。自2012年9月至今,全球共向世界卫生组织通报了496例中东呼吸综合征冠状病毒感染实验室确诊病例。2014—2015年,埃博拉疫情在国家之间蔓延,疫情首先在几内亚发生,随后通过陆路边界传到塞拉利昂和利比里亚,又通过飞机(仅有1名旅客)传到尼日利亚和美国(1名旅客),通过陆路(1名游客)传到塞内加尔和马里(2名旅客)[2]。据世界卫生组织报告,本次疫情影响西非九个国家,是1976年首次发现埃博拉病毒以来发生的最大且最复杂的埃博拉疫情,疫情中出现的病例和死亡数字超过了所有其他疫情的总和。2016年,寨卡病毒爆发,世界卫生组织(WHO)宣布其为"非常事件",该病毒发源于乌干达的森林,由蚊子传播,爆发于美洲,覆盖美洲大部分区域,据世界卫生组织预测感染人数将超百万。除此之外,还有早先的类似危机,诸如禽流感、疯牛病、西尼罗河病毒、莱姆病等等。而且,在可预见的将来,这个清单

---

[1] 联合国:《千年发展报告2015年》,http://www.cn.undp.org/content/china/zh/home/library/mdg/mdg-report-2015/,2016年10月1日。
[2] 世界卫生组织:"埃博拉病毒病",http://www.who.int/mediacentre/factsheets/fs103/zh/,2016年7月6日。

还将继续增加。这些全球流行的传染疾病无一不需要全球共同努力和协作应对。

在长周期中,基本的健康议题占据着全球议程中的重要位置。2015年作为《千年发展目标》的收官之年,《千年发展目标2015年报告》显示了达成的目标以及依旧存在的差距。为解决这些人类共同面对的公共健康问题,国际组织、各国政府、社会组织、社区以及个人近年来都加强合作、加大投入、持续创新,以寻求更高效的应对之道。在这些进程中,健康传播始终扮演着重要角色。从影响健康相关的政策到社区动员,从医患双方(扩展至健康服务的提供者和接受者)之间信任的建立到健康行为的促进,再到应对大规模疫情爆发,这些都是健康传播贯穿其中并大显身手的重要领域。在健康挑战日益全球化的当下,如何为实现健康目标进行全球动员,特别是在发展中国家和地区,是全球健康传播着力解决的难题。

在全球化的背景下,健康议题更加紧迫,其风险也更加高涨,需要全球人类的共同努力才能促进健康议题的向前推进。从健康传播的角度来看,不仅其扮演的角色更加重要,而且其自身也面临着变革,全球化以及互联网的兴起使得健康传播的五要素都发生了巨大变化。

第二节 互联网时代全球健康传播的特点

提出健康传播定义的罗杰斯认为:健康传播是以传播为主轴,由四个不同的传递层次将健康相关的内容发散出去的行为[1]。这四个层次是:自我个体传播、人际传播、组织传播和大众传播。自我个体的层次,如个人的生理、心理健康状况;人际层次,如医患关系、医生与患者家属的关系;组织层次,如医院与患者的关系、医护人员的在职训练;大众层次,如媒介议程设置、媒介与受众的关系等[2]。在全球健康传播领域,以互联网为代表的新媒

---

[1] Rogers, Everett M., "The Field of Health Communication Today: An Up-to-Date Report", *Journal of Health Communication*, 1996, 1, pp. 15-23.

[2] 张自力:《健康传播研究什么——论健康传播研究的9个方向》,《新闻与传播研究》2005年第3期,第42—48页。

体在这四个层次中起着更加重要的作用且带来了变革。

互联网时代的健康传播,并非只是将新技术和新媒体加入到健康传播原有的路径之中,或者将原有内容复制到新媒体当中,而是以新的方式来整合新媒体和传统媒体;新媒体使得健康信息能够通过不同方式和多种渠道抵达特定的人群以满足他们的特定需求。新媒体时代的健康传播,也并非只是将健康权威人士的专业信息传播得更广,而是传者和受众进行信息互动的新方式;在这里,受众不再是被动的信息接受者,而是主动的传播参与者,他们与权威的传者以及其他的受众进行信息互动,从而增强反馈,使得健康传播更加有效。互联网时代的全球网络使得健康信息的传播不再受到国境和传统媒介渠道的限制,使得全球健康动员得以更加有效地进行;互联网使得健康促进运动降低了人们参与的门槛,也使得健康传播转化为健康促进运动的可能性大大增加;互联网实现的全球联动为应对全球健康挑战提供了组织动员的基础,使得健康促进运动在全球的开展成为可能。

一、全球健康传播的社交化

在互联网时代,全球健康传播展现出的第一个特点是社交化。为分享和交换知识、体验提供了简便的方式,在用户间建立连接,以用户为中心的权力再分配——社交媒体所带来的这些变革改变了健康传播的图景。

社交媒体参与、开放、对话、社区和连接的这些特性,使得社交媒体成为有别于传统媒体的新传播平台。如今,社交媒体平台被用作公共健康信息的来源、行为改变运动的舞台、知识分享的平台、病患自我组织和发声的站点以及健康信息提供者与受众互动的场所。互联网发展到今天,社交媒体以其庞大的用户、快速增长的趋势以及无所不在的社交网络传播方式为大众健康素养的提升提供了机会。

现在,大量的组织、病患群体以及政府机构都将社交媒体应用于健康传播。例如美国疾病预防及控制中心(The US Centers for Disease Control and Prevention,简称CDC)利用社交媒体向公众传播准确可靠、有科学依据的公共卫生信息,并及时、有效地推送给不同需求的受众。一些社交媒体工具被用于发布个性化信息,扩大受众群,建立公开透明的沟通机制。从食物中毒、H1N1流感病毒、艾滋病检测,到肠道癌、乳腺癌等重要健康议题,CDC利用Myspace、博客及手机讯息,多管齐下,向公众传播疾病防治信息。

世界卫生组织于2010年组织了"1 000个城市,1 000个生命"倡议活动,旨在通过社交媒体向公众传播健康不平等这一重要议题,希望以此鼓励地方及各国政府制定有效的公共卫生政策,促进公共卫生部门与环保、健康、交通、教育、城市规划等部门与民间机构的合作。具体而言,"1 000个城市"计划在大城市以医护车辆专用车道替代摩托车专用车道;"1 000个生命"计划收集1 000个公共健康倡导者的故事,分享他们如何成功利用资源,改善所在社区及城市的公共卫生状况①。

"像我一样的患者"是一个在线患者病例数据共享平台,由非营利组织"肌萎缩性脊髓侧索硬化症治疗发展协会"(ALS Therapy Development Institute)创立于2004年,它将世界各地患有相同疾病的患者聚集起来,通过分享、分析和研究病例数据,为他们提供相似病例搜索和相关治疗。在这里,患者可以分享各自的症状、目前使用的药物及疾病史,来寻求患有相似疾病患者的建议。他们还可以实时探讨不同的疗程、临床试验以及各自的生活状态,减轻求医之路上的阻碍和忧虑,并更有效地与医护人员沟通病症。

FAN项目(Family, Activity, and Nutrition)由瑞士当地的公共健康部门坎通·蒂其诺(Canton Ticino)和非营利组织"瑞士健康促进"(Health Promotion Switzerland)联手建立,通过用Wordpress搭建在线互动平台,为瑞士全国6—12岁儿童及他们的父母提供每周健康保健类知识通讯简报、教学视频,鼓励家长分享儿童保健的经验、心得和想法。父母们每周还通过短信、邮件的方式,收到该组织为孩子们量身定制的健康膳食计划②。

二、全球健康传播的移动化

全球健康传播的另一个特点是移动化。随着移动技术的发展和移动设

---

① Rafael Obregon & Silvio Waisbord, *Handbook of Global Health Communication*, Wiley-Blackwell, 2012.
② 同上。

备的普及,越来越多的证据表明移动设备能够为发达经济区的人民和偏远欠发达地区的人民谋得福利。在健康领域同样如此,基于移动设备的健康传播被应用于疾病预防、健康管理、治疗、临终关怀等各个方面。根据世界银行的最新数据,2015 年全球移动通信设备每百人的租用数已达到 98.622 台①。更多人得以享用移动设备带来的信息便利。更重要的是这些信息是定制的、可互动的。一份 2009 年通过移动设备进行健康干预的报告显示,定制的信息和信息的互动是有效健康传播中最重要的因素。而移动设备也将应用于健康传播的更多领域:病患诊断、辅助治疗、远程病患信息收集及监控、疾病与流行病爆发趋势监控等②。

值得注意的是,仅凭短信息服务以及多媒体短信服务,移动设备已经在全球禁烟、节食以及健身等方面发挥了显著作用。而基于移动互联网的应用程序被应用于疾病预防、健康管理、健康监测等方面。例如在中国,卡达项目(The Cada Project)定期为糖尿病患者发送信息,包括膳食建议、体重管理、锻炼计划;病人也可通过手机短信的方式,将自己的葡萄糖值(糖尿病的重要参考值之一)发送给主治医师,以便及时沟通治疗。在菲律宾,社区健康信息追踪系统利用手机短信改善偏远地区医务工作者和城市大医院之间的沟通与交流。在英国,"MoveM8!"这一计划每周为英国各大网站工作的雇员发送锻炼提醒,并在隔天再发送两条手机短信,鼓励他们多运动。通常,雇员们会在周五下班前收到如下信息:"明天就是周末,找时间锻炼,不要懈怠。你会做哪些运动呢?"在美国,TeamTADD 是一个成立于马萨诸塞州梅德福的青年志愿者组织,他们发起了一项名为"拒绝愚蠢决定"的活动。只要发送"事实""其他选项"或"借口"到一个指定的五位数号码,这一区域的青少年就会收到关于未成年饮酒造成恶劣后果的事实,饮酒以外其他有意义的活动选项,以及能够使他们避免被迫饮酒的有说服力的借口。例如,在他们收到的数百条短信中,有一条关于"事实"的短信这样写道:"事实:

---

① Mobile cellular subscriptions (per 100 people), http://data.worldbank.org.cn/indicator/IT.CEL.SETS.P2? end=2015&start=1960&view=chart, 2016-10-10.

② Fjeldsoe BS, Marshall AL, & Miller YD, "Behavior change interventions delivered by mobile telephone short-message service", *American Journal of Preventive Medicine*, 2009, 36(2), pp.165-173.

一杯酒就可以让你无法通过警察的呼吸测试,很可能使你面临牢狱之灾。"互联网也为艾滋病的预防创造了新的机会。在卢旺达,艾滋病治疗与研究中心 TRACnet(Treat ment and Research AIDS Centre)专注于治疗和研究艾滋病,其数据库涵盖全国的 340 个诊所的 75%,共 32 000 名患者。医生通过这一数据库可以实时追踪艾滋病人的就诊信息,以及全国范围内防艾滋药物的库存情况。他们同样可以在手机上收到病人的血液化验结果、药物撤销的通报、病人疗程的指导及培训手册等①。

三、大数据与健康监测

互联网为用户提供多种途径以获取大量的健康数据和信息,这为健康传播的个性化反馈提供了可能,每个用户都能够制定最适合自己的健康规划。同时,用户也在互联网上留下了健康数据。诸如苹果、微软公司的平台能够收集来自全球各地的用户的健康信息,打破了国家的界限。通过这些收集到的数据,能为每个用户生成一份个人的健康档案,也可以制成电子病历在就诊时予以参考,这大大减少医疗资源的浪费,提高了利用效率,节约了时间。

2014 年 6 月 26 日,谷歌正式发布 Google Fit 健康平台,它的特点在于能够整合用户多款应用与可穿戴设备的健康数据,汇总到新发布的安卓系统中。谷歌并没有开发自家的 Google Fit 应用,而是将其他公司的健康应用与之链接,旨在说明:只要用户给出明确的许可,平台就能够整合多种共享数据,给用户提供一个更加完整的健康活动数据。

9 月 29 日,iHealth 公司宣布,三款移动健康应用程序和 9 款个人移动医疗设备与 IOS8 HealthKit 全面对接。通过 IOS8 的健康中心,用户可以自主选择他们在 iHealth 设备上采集的相关健康数据,实现交流与共享,能够在线管理个人健康。目前苹果的健康应用程序可以将心率、血压、血糖、

---

① de Tolly K., Skinner D., Nembaware V., & Benjamin P., "Investigation into the use of short message services to expand uptake of human immunodeficiency virus testing, and whether content and dosage have impact", *Telemedicine Journal and E-health*, 2012, 18(1), pp. 18-23.

运动步数、运动卡路里、运动距离、睡眠分析、体重、BMI、体脂肪和血氧饱和度等 15 种 iHealth 健康数据进行采集整合。

10 月 30 日,微软在发布 Microsoft Band 微软手环的同时,也发布了配套的 Microsoft Health 微软健康云服务。该服务能够存储个人健康和健身数据,并且能通过智能引擎将这些数据转化为更有用的信息,且能在主流平台上获取这些信息。它会通过多年研究的大数据以及机器学习技术来处理这些数据,也能够根据邮件、日历和地理位置信息给出更加智能的信息,例如哪些运动能燃烧更多卡路里、健身效果哪个更好等。

> **案例 7-1:谷歌流感趋势**[①]
>
> 在 2008 年 9 月 4 日的《自然》杂志"Big Data"专辑中,谷歌研究人员宣布,他们不需要任何医院的体检结果,即可快速追踪美国境内流感的传播趋势。在当时,美国疾病控制中心(CDC)至少需要一周时间才能得出一张流感传播趋势图,而谷歌仅需要一天就能得出。由此,"谷歌流感趋势"(Google Flu Trends,简称 GFT)预测项目首次发布。
>
> 谷歌流感趋势是将用户搜索的关键词进行数据挖掘与统计分析,从而建模推断某地区的流感发生概率与趋势。谷歌的设计人员认为,人们在谷歌上输入的搜索词,很大程度上代表了他们的即时需要。为便于建立关联,设计人员编入一系列与流感有关的词语,如温度计、胸闷、流感症状等,当用户输入这些词语时,系统就会自动展开跟踪分析,创建流感传播趋势图。
>
> 2009 年,流感病毒(H1N1)的迅速传播引起世界范围内的恐慌。当时,新的疫苗还没有研发出来,对流感只能以预防控制为主。在这时,流感传播趋势信息就显得尤其重要。经过算法改进后,谷歌流感趋势预测快速形成的流感传播趋势报告,一下子成为一个及时有效的参考指标。汇合大量信息的互联网平台在疾病监测领域发挥了一定的效用。它可以通过对大数据的拟合整理,建立起一个疾病监测的模型,通过这个模型来预测疾病的传播趋势,从而能够对该疾病进行一定的预

---

① 孙思研、邵子瑜搜集了本案例的资料。

防控制。

谷歌流感趋势这一项目在刚刚启动之时,因为快捷准确、成本低廉、没有使用复杂艰涩的理论等优势,获得了巨大的成功。它的成功很快就成为商业、技术和科学领域中最新趋势的象征①。然而,2013年2月的《自然》杂志以头条新闻的方式报道了"'谷歌流感趋势'过高地估计了流感疑似病例的占比,这个差错是真实数据的1倍多"②。之后,谷歌调整了GFT的算法,并回应此事,声称是因为媒体对GFT的大幅报道导致人们的搜索行为发生了变化,这才使得GFT的预测出现了偏差。2014年,雷瑟等学者在《科学》杂志上发文报告了GFT近几年的表现。2009年,GFT没有能预测到非季节性流感A-H1N1;从2011年8月到2013年8月的108周里,GFT有100周高估了CDC报告的流感发病率。2011—2012年,GFT预测的发病率是CDC报告值的1.5倍多;而在2012—2013年,GFT流感发病率已经是CDC报告值的两倍多了。GFT的预测准确性受到了极大的质疑③。

第三节　全球健康传播模式的发展与变迁

以互联网为代表的新媒体时代的到来,使得由"知识传递"(知)、"态度改变"(信)和"行为达成"(行)三个要素构成的健康传播经典模式走向创新变革的路口。"知信行"是现代健康传播实践最初的经典模式。20世纪70年代在美国开展的"斯坦福心脏病预防计划"被大多学者公认为是美国现代健康传播的开端。在"斯坦福心脏病预防计划"

---

① 纪元:《大数据:还是大错误?》,《中国教育网络》2014年第5期,第5页。
② 秦磊、谢邦昌:《谷歌流感趋势的成功与失误》,《统计研究》2016年第2期,第33页。
③ 沈艳:《大数据分析的光荣与陷阱——从谷歌流感趋势谈起》,http://www.js.xinhuanet.com/2016-04/07/c_1118552738.htm,2016年5月21日。

中,"知信行"模式被初步总结。而在随后 20 世纪 80 年代美国主导的全球艾滋病防控运动中,"知信行"模式被进一步应用和检验,成为健康传播的经典模式。但随着互联网占主导的时代到来,已有范式都面临着巨大变化。

一、知识传递

在知识传递方面,互联网因其去中心化的媒介特性彻底改变了传统的传播渠道,使得人人可以发声,互动成为可能。由此健康传播过程中的传播者以及相应的传播内容均面临变革。在健康信息的传播者方面,不再只有传统媒体和政府机构才拥有渠道而发声,国际组织、公共卫生部门、非政府组织、商业医疗机构、专家以及个人自媒体等等都开始创造或传播健康相关的内容。由于竞争激烈而且能够接收到受众的实时反馈,这对健康信息的可读性以及互动性都有了更高的要求。而在互联网上传播的健康信息,由于缺乏权威基础以及专业把关,未必科学、准确,甚至带有消费、娱乐、博人眼球的可能。这些变化使得健康知识的传播由原来的线性单项拓展为网络多元,从倚重权威转向信息市场,这为缩小健康素养的鸿沟提供了可能,同时也增加了无效、虚假信息流行的风险。

二、态度改变

在态度改变方面,互联网上的健康传播呈现出更加复杂的可能性。从传播者的角度看,互联网的"去中心化"使得互联网上的健康信息没有传统媒体和专业机构的权威把关,可能影响受众的信任。同时,由于新的传播渠道使得传者受者之间的实时互动成为可能,这样的互动所带来的深入交流可能增进信任从而促成态度转变。而且在互联网环境下,传者与受者的界限消失,健康传播更加凸显了人际传播和社群传播的特征,这种人际的、群体的互动将对态度改变产生深刻影响。在全球传播的背景下,互联网的普及可能消解跨文化交流的隔阂,从而实现态度改变在全球范围的扩散。此外,在互联网的帮助下,精准定位受众在新媒体时代成为可能,一些健康信息的传播者开始主动筛选、定位目标群体,并对他们进行定制信息的传播。已有的研究表明,这是更有效的传播方式。然而,由于精准定位背后的利益不明,也存在相应的隐患。

三、行为达成

在行为达成方面,传统媒体主导的时代中,行为置于"知信行"这一范式中的最后一步,也是健康促进运动的目标所在;现在,在互联网多元渠道的传播网络中,行为达成也未必置于健康传播的末端,而可能成为中间部分从而促进态度改变,也可能与态度改变同时发生。在这样的新情境下,健康传播运动更有可能实现全球联动。

近年来,体现这一变化的最典型的健康传播运动要数通过社交网络在全球流行的"冰桶挑战"(Ice Bucket Challenge)。"冰桶挑战"颠覆传统"知信行"的链式顺序,大多参与者在行动前并不知道"渐冻人症",而是通过行动才逐渐了解了这项健康问题,产生认知并可能发生态度改变。这项健康传播运动也表明,互联网的传播意味着所有媒体的融合,"冰桶接力挑战"没有沦为社交网络上纯娱乐活动原因在于传统媒体的大力传播,将参与者与大众暴露于其背后的健康知识之中。这个案例表明,互联网带来的更多健康传播创新将改变其范式和效果,而突破其原有范式的思维限制则能让我们看到更多全球健康传播的可能性。

> **案例 7-2:ALS 冰桶挑战**①
>
> 2014 年夏季,一项名为"ALS 冰桶挑战"(以下简称"冰桶挑战")的公益项目在美国兴起并迅速风靡全球。ALS,全称为肌萎缩侧索硬化症,俗称"渐冻人症",是世界罕见病种之一,无法治愈且致命。在"冰桶挑战"之前,人们对于 ALS 的关注与了解程度较低,大多只是停留在史蒂芬·霍金坐在轮椅上的形象。因此,"冰桶挑战"旨在让公众通过切

---

① 吴白玫搜集了本案例的资料。

身体验"渐冻人"的感受,开始关注"渐冻人"群体,并为其募集善款。挑战的规则十分简单:参与者只需在网络上发布自己被冰水浇遍全身的视频,即成功完成挑战。之后,挑战者可以在网络上公开点名3个人参与挑战,点名者要么在24小时内应战,要么捐款100美元,以此接力。

继2014年7月克里斯·肯尼迪在社交网络上发布了"冰桶挑战"的视频后,该挑战受到了美国科技圈名人的关注。例如微软创始人比尔·盖茨、Facebook CEO马克·扎克伯格、苹果CEO蒂姆·库克都先后接受了挑战。这使得"冰桶挑战"的关注度急剧上升,并使其延伸到其他行业。

"冰桶挑战"的全球传播有以下几个特点:

1. 以社交媒体为主要传播渠道

首先,以社交媒体为传播渠道的"冰桶挑战"具有全球化、公开化的特点。挑战者在社交媒体上发布自己挑战的视频并点名三位好友参与挑战这一系列动作都是公开的,即所有使用此社交媒体的人都能够了解到"冰桶挑战",这在很大程度上扩大了事件的传播范围。其次,社交媒体与传统媒体相比更具有交互性,所有看到此条含有挑战视频微博的人都可以自由地进行点赞、评论及转发,形成了一种裂变式传播。此外,值得关注的是,微博在"冰桶挑战"传播中还承担了提供捐款平台并对其进行监督的角色。一方面,微博为公众提供了公益募捐的信息及捐款页面;另一方面,微博还发挥了监督善款去向的作用。

2. 传播内容结合个人趣味与人际互动

人们之所以使用社交媒体主要是因为想要寻求快乐,享受心灵上的愉悦。而"冰桶挑战"的游戏化模式正好满足了受众的这一需求,因为人们可以直观地看到挑战者被冰水淋成"落汤鸡"的略显狼狈且有趣的样子。而且,众多网民能够在社交媒体上看到名人或者自己的偶像接受"冰桶挑战"的视频,进一步扩展了活动的影响力。更重要的是,其传播过程中的点名部分,将人际互动嵌入其中,使得传播向纵深发展。

3. 线上线下相结合的模式

"冰桶挑战"在线上进行接力活动以及推广相关背景知识,通过微博等热门社交媒体进行传播；在线下完成"冰桶挑战"，上传视频，提供捐款。这种模式不仅让参与者能真切体会"渐冻人"的感受，同时也能为"渐冻人"募捐善款，很大程度上提高了受众的参与度。

"冰桶挑战"在短短一个月的时间内便风靡全球，获得了极高的关注度。据统计，仅在中国，包括周杰伦、章子怡、潘石屹、姚明在内的近200位明星名人完成了"冰桶挑战"，并在微博上发布了挑战视频。"瓷娃娃"罕见病关爱中心发起人、主任王奕鸥在《致参与"冰桶挑战"爱心人士的公开信》中明确表示："截至8月23日19点'冰桶挑战'已通过新浪微公益筹得善款确认到账为592.02万元，'冰桶挑战'话题阅读量超过29亿。"① "从中国'瓷娃娃'官方微博发布的数据显示，截至2014年8月30日，'冰桶挑战专项基金会'捐款金额总计人民币8 146 258.19元，其中新浪微公益筹款金额人民币7 284 981.00元，直接向北京瓷娃娃罕见病关爱中心账户捐款人民币288 330.80元，其余有支付宝钱包、百度钱包等渠道。"② 而与之形成鲜明对比的是，"瓷娃娃"罕见病关爱中心2011年全年筹集善款总额也只有360万元③。从上述数据可以看出，"冰桶挑战"公益项目效果显著。其成功的原因很大程度要归功于社交网络尤其是微博的公开性、即时性、交互性及裂变式的信息传播新模式。

案例7-3：埃博拉病毒防治的全球传播④

埃博拉病毒（Ebola virus）最早于1976年在苏丹南部和刚果（金）的埃博拉河地区被发现并由此而得名。埃博拉病毒传染性极强，

---

① 王奕鸥：《致参与#冰桶挑战#爱心人士的公开信》，http://weibo.com/p/1001603746820336532317，2016年5月31日。
② 何梦婷：《新媒体时代下"微博围观"的力量——以"冰桶挑战"为例》，《科技传播》2014年第20期，第134—142页。
③ 同上。
④ 高江雪搜集了本案例的资料。

潜伏期可达20天。其症状类似流感,并伴随严重的内出血,称为埃博拉出血热。感染埃博拉病毒的存活率非常低,60%—90%的感染者会因此丧命。目前尚无有效治疗方法,甚至在2013年末爆发疫情后的相当长一段时间内都没有准确的检测方法。

2013年12月26日几内亚偏远地区一名男童因感染埃博拉病毒死亡。此后,病毒在几乎无人察觉的情况下传播了三个月。2014年3月22日,几内亚首都科纳克里传出病例。3月23日,世界卫生组织确认新一轮埃博拉疫情爆发。同时,埃博拉病毒跨越国界,传播到塞拉利昂、利比里亚、塞内加尔以及尼日利亚。到6月23日,死亡人数达到350人,无国界医生组织(MSF)称疫情已经"失控"。8月12日,死亡人数已破1 000人。9月26日,根据世界卫生组织资料,出现6 574起可能、疑似或证实病例,其中3 091人身亡。10月1日,美国疾病控制与预防中心(CDC)宣布,到美国探亲的一位男性旅客被诊断感染了埃博拉病毒,这是非洲以外地区首个确诊的埃博拉病例。至今,埃博拉疫情死亡人数已突破1.1万人,而西非仍然有感染埃博拉病毒的新增病例,疫情未曾完全结束。在病毒传播过程中,疫情相关的健康信息也在互联网中实现了覆盖全球、全民参与的传播。

首先,互联网提供了一个知识普及和传播的平台。疫情爆发之初,尼日利亚媒体研究中心快速建立了一个关于埃博拉病毒的网站,向全球及时发布相关信息。英国的科技媒体中心以及公共健康机构都在网站专门提供有关埃博拉病毒的报告、新闻、表格及地图。《电讯报》在自己的网站上专门设有包括图形、多媒体、24小时内容更新的板块。在中国,从2014年6月新浪网关于埃博拉病毒的报道数量开始出现,报道量达到最大值是在8月,9月之后迅速回落。新浪网中有大量以描述中国埃博拉疫情情况以及对非洲援救为主题的新闻。百度指数显示,中国网民关于埃博拉的搜索需求表现出了知识性搜索热度强以及搜索兴趣广泛的特点。"Ebola"也成为2014年度全球谷歌用户搜索榜的前三名。由此可以看出大众对埃博拉病毒的了解,除了源于政府官方声明外,很大一部分来自互联网。

其次,社交媒体加快了信息传播速度,增强了互动性。埃博拉病毒感染者首次出现在非洲以外的地区后,2—3小时就能够在全球网络上出现相关新闻,随即在全球主要的社交媒体上形成讨论热点,不到一天的时间就可以在全球形成跟帖高潮。埃博拉病毒最新新闻在美国社交媒体上的实时更新使Twitter形成了热门标签♯Ebola♯、♯Ebola Outbreak♯及♯Ebola Facts♯。根据RiteTag的统计,当时每个小时有2 455个新留言关于埃博拉病毒,有4 240个转发,5 610万次阅读。大量美国民众在社交网站上发帖,将埃博拉病毒看做"丧尸病毒"一样的存在。在中国,《人民日报》在官方微博上从老百姓的角度给出了出行建议、预防建议等贴心提醒。另外,新浪新闻开设的微博"微天下"基本是全天候上传关于埃博拉的国际消息。中国援非医疗队医生曹广则从2012年6月开始用微博直播"援非"生涯,其中一段时间因为疑似感染埃博拉病毒而被隔离也引起了大家的担忧。

再次,埃博拉疫情消息在互联网上的传播导致不实消息的蔓延。2014年8月初,微信平台有传言称,上海浦东新区人民医院收治了一名从尼日利亚抵沪的男性患者,定性为埃博拉高度疑似病例。尽管传统媒体记者快速反应,采访专家进行核实,确定此事为谣传,但关于埃博拉病毒的恐慌已经蔓延开了。而当感染埃博拉病毒的医生返美后,"埃博拉病毒和你只有一架飞机的距离"一类明显带有误导性的文章更是层出不穷。对埃博拉疫情一手信息的缺乏使得互联网依赖传统媒体提供新闻信息,因此,许多网站的新闻缺乏准确性,标题常出现哗众取宠的词汇,造成受众对疫情产生误解。

最后,埃博拉疫情消息在社交媒体上的传播容易导致社会性恐慌。以Twitter为例,首先是一名用户表达了对埃博拉病毒的极度恐慌,随之各个持有同样意见的用户大量评论转发,害怕埃博拉病毒进入美国的声音被放大,从少数变成多数迅速在网络中蔓延开来。在这个过程中,也有不少人表示相信政府的防控能力,但在"优势意见"的疾呼下,对"埃博拉病毒可能在美国蔓延"信息的反复转发,会改变受众的认知和态度,那些持少数意见一方的沉默便造成另一方意见的强势,使得恐慌的情绪在群体效应的作用下被夸大。疫情信息在社交媒体上的传播造成了美欧公众的担忧,激起了西班牙医护人员的抗议,也阻碍了国际救援组织的志愿者前往疫区。

本章小结

1. 在全球化背景下,需要全球的共同努力才能促进健康议题的向前推进。从健康传播的角度来看,不仅其扮演的角色更加重要,而且其自身也面临着变革,全球化以及互联网的兴起使得健康传播的五要素都发生了巨大变化。

2. 互联网时代的健康传播,并非只是将新技术和新媒体加入到健康传播原有的路径之中,或者将原有内容复制到新媒体当中,而是以新的方式来整合新媒体和传统媒体。互联网时代全球健康传播呈现出社交化、移动化以及与大数据结合的特点。

3. 以互联网为代表的新媒体时代的到来,使得由"知识传递"(知)、"态度改变"(信)和"行为达成"(行)三个要素构成的健康传播经典模式走向创新变革的路口。"知信行"是现代健康传播实践最初的经典模式。但随着互联网占主导的时代到来,已有范式都面临着巨大变化。

第八章

互联网与全球环境传播

美国环境传播学者罗伯特·考克斯(Robert Cox)将环境传播定义为："环境传播是我们理解环境本身以及理解我们与自然世界关系的一种实用和建构的手段。它是我们用来建构环境问题和协调社会不同反应的一种象征性的中介。"[①]近年来，随着全球环境危机频繁出现，环境问题日益紧迫，提高人们的环境意识并促进行动成为全球重要议题之一。环境传播在这样的背景下进一步发展，发挥着越来越重要的作用。

随着互联网的出现，环境传播也呈现新的趋势，其模式也随发展而变化。本章首先探讨环境传播是如何在全球化背景下兴起的，互联网时代下全球环境传播的特点，然后本章还将结合"地球一小时"活动的全球传播以及中国PM2.5从微博进入公众视野等案例，介绍环境传播是如何发生并产生全球影响的。

第一节 全球化环境下的环境传播

一、环境传播的功能和内容

环境传播具有两个方面的功能。第一，环境传播是人类解决环境问题

---

① Robert Cox, *Environmental Communication and Public Sphere*. 2nd Edition, Los Angeles: Sage, 2010, p.20.

的工具。环境传播具有传播、教育、警示、说服、动员等功能,不管是政府还是环保组织和个人,都可以通过环境传播来推动人类解决环境问题。环境传播也经常是公众环境教育的重要组成部分。第二,环境传播建构了我们对自然界的认识和理解。在意识层面,环境传播帮助人类更好地认识和理解人类所处的自然界,形成人类对于自然界的感知。例如,环境传播讨论了海洋究竟是我们取之不尽的资源,还是人类要与之和谐相处,并且是重要的生命支撑系统。海洋究竟是可以征服的对象,还是我们审美的象征。

本书探讨在全球化时代下的环境传播,侧重于环境传播的工具性功能。在这样的视角下,环境传播的内容分为三个部分。

第一,媒介与环境新闻。探讨大众媒介是如何呈现环境议题以及如何建构环境信息的框架,比如大众媒介通过对环境议题的报道,突出了什么问题,隐藏了什么问题,受众又是如何解读这些环境新闻的,报道背后又有什么样的权力运作机制等。

第二,社会动员与环境促进。环境促进活动(environmental advocacy campaigns)类似于经济学概念中的活动营销以及社会学范畴的社会动员,强调借助媒介的传播力以及活动的影响力来汇聚公众的注意力,激发社会的公共情绪,影响集体的环境行为。环境促进有许多种模式,如政治推介模式、法律诉讼模式、政治选举模式、公共教育模式、公民行动模式、媒介事件模式、社区宣传模式、绿色消费引导模式和企业抗议模式等[1]。这些模式都与传播息息相关,并以不同方式致力于达成环保的目标。

第三,环境危机传播与管理:环境危机传播涉及两方面的内容,第一是政府、企业或个人在遭遇环境危机事件时所采取的一系列自救行为,第二是媒体在面临危及公共健康和公共安全的突发环境事件时所采取的信息传播方式。由于涉及危机诱因的责任问题,环境危机传播强调立足于传统的危机传播理论有效地消除负面影响、恢复良好的形象。

---

[1] Robert Cox, *Environmental Communication and Public Sphere*. 2nd Edition, Los Angeles: Sage, 2010, p.247.

二、环境传播的全球化

全球化对于环境问题而言，首先，地方制造了环境问题，但全球都有可能是受害者。全球化创造了一个共同的世界，一个我们无论如何都只能共同分享的世界，一个没有"外部"、没有"出口"、没有"他者"的世界。一条河的水质污染了，相邻国家都是受害者。

其次，环境问题已经无法通过单一国家和地区的努力来解决，而需要全球性的协作，需要建立跨国家、跨地区的协商监控制度。全球化以来，人类所面临的环境危机不断，美国墨西哥湾漏油事故、日本福岛核电站核泄漏事故、中国的雾霾问题等等危机事件犹在眼前，环境问题在信息全球化的时代达到了前所未有的迫切程度。突发危机之外，长期的环境问题如全球气候变暖更牵动着人们的神经。在《联合国气候变化框架公约》下，从《京都议定书》到《巴厘岛路线图》再到 2015 年通过的《巴黎协议》，以全球气候变暖为代表的环境议题已经成为国际社会最重视的议题之一。全球化给环境问题的解决带来了新的机遇。

> **案例 8-1："世界地球日"的环境传播**
>
> 在全球环境问题日益迫切的大背景下，环境传播发挥着愈加重要的作用。世界范围内，政治人物、舆论领袖、草根阶级都积极参与到环境传播运动当中。"世界地球日"的发展历程就是环境传播迈向全球的极佳注脚。每年有 192 个国家和地区的约 10 亿人在"世界地球日"当天举行各种环保活动，这一活动就是一场经典的环境传播运动。
>
> 1990 年，"地球日"被推上国际舞台。1992 年，首届"联合国地球峰会"在巴西里约热内卢举行。2009 年 4 月 22 日，联合国决定将"地球日"变为"世界地球日"。当时，50 多个国家联署支持。他们签署的决议上写着："地球及其生态系统是人类的家园，人类今后和未来要在经济、社会和环境三方面的需求之间实现平衡，必须与自然界和地球和谐共处。"①

---

① 孙楠：《世界地球日：全球的环保意识觉醒》，《中国气象报》2015 年 4 月 22 日。

> 不仅是联合国与各国政府,越来越多的国际组织、社会组织,如世界环保组织、世界自然基金会、全球环境基金等都展开了环保行动以及环境传播运动,并借助互联网的力量,实现了全球范围内的传播或动员。更重要的是,越来越多的个人在接收到相关的环境相关信息和动员后,成为新的传播源,将环境传播源源不断进行下去。在"世界地球日"环保活动中,活动首先在美国发起,美国媒体报道了这场运动,并以其强大的传播力使得这场环保活动成为全社会所关注的事件,继而使得这场运动慢慢变成一个全球性的环保运动。

第二节　互联网时代全球环境传播的特点

玛丽·道格拉斯和威尔德韦斯认为:"在当代社会,风险实际上并没有增加,也没有加剧,相反仅仅是被察觉、被意识到的风险增多和加剧了。他们宣称,虽然事实上科学技术迅猛发展带来的副作用和负面效应所酿成的风险可能已经有所降低,之所以感觉到风险多了,是因为人们的认知程度高了。"[①]互联网时代提高了对环境问题的认知度。互联网的去中心化使得传播源头多样化,信息传播的效率也大大提升,而传播渠道的增加使得传受双方的互动性增强,传者与受者间的界限逐渐模糊。在这样的背景下,环境传播也呈现出新的传播特性。

一、议程设置门槛降低

议程设置假说最早由美国传播学家麦库姆斯和肖提出,意为大众媒介往往不能决定人们对某一事件或意见的具体看法,但是可以通过提供信息和安排相关的议题来有效地左右人们关注某些事实和意见。他们发现,媒

---

① 斯科拉·拉什:《风险社会与风险文化》,王武龙译,《马克思主义与现实》2002 年第 4 期,第 54 页。

介受众不仅从新闻报道中了解事实信息,还会根据新闻媒介报道的重点来判断议题的重要性。议程设置假说支持李普曼"新闻媒介提供的信息在构建有关现实世界的图景时至关重要"①。在传统的大众传媒时代,专业的媒介机构充当着"把关人"的角色,对传播环境中的议题进行着设置和把关;而在互联网时代,"把关人"的角色受到挑战,议程设置的门槛也降低了。一些倡导环保的个人和组织通过互联网来设置环保方面的议题,从而引起全社会、全世界的关注,也使得环境传播绕开传统媒体的"把关人"而更具影响力。

案例8-2：环保博客②

环境问题是全球共同面临的严峻挑战,日益严重的空气污染、水污染、生物多样性锐减、森林面积锐减等,已经引发了一系列灾难性后果。如何把这些与环境有关的数据信息传递给大众?如何让每个人都意识到环境问题的严重性?如何将环保观念潜移默化地植入人们心中?面对受众如此庞大的传播需求,使用率最高、传播范围最广、最便捷的互联网无疑是传播环保概念的最大的阵地。而环保博客则在全球互联网环境传播中扮演着重要角色。

环保博客可以专注在特定的议题上提供评论或新闻,也可以以个人日记、随笔形式发表。一个典型的博客结合了文字、图像、其他博客或网站的链接及其他与主题相关的媒体,并能够让读者以互动的方式留下意见。

环保博客在互联网时代的传播特征有:

第一,降低了议程设置的门槛。博客能够通过博文实现"一对多"的广播式传播,也能通过评论、链接、回访和引用等方式进行"一对一"的互动式交流。由于不受时间、空间、身份地位的限制,博客不是少数精英群体的发声网站,所有人都可以发表博文、评论,它开放、自由、随

---

① [美]简宁斯·布莱恩特、道尔夫·布莱恩特:《媒介效果:理论与研究前沿》,石义彬、彭彪译,华夏出版社2009年版,第2页。
② 马铭梓搜集了本案例的资料。

意性强,不断有新注册的博客用户群体加入,各博客群体之间的相互跟帖评论或链接式的点击阅读,降低了议程设置的门槛。

第二,"去中心化"的传播结构使话语权下移。传统工业社会的权力结构表现为金字塔式的等级制,即高度集权、自上而下、垂直管理的官僚体系,对信息的掌控以及对话语权的控制也异常严格。而博客的出现,打破了这一科层制,重构了科层体系中的信息沟通。"从博客传播的技术结构来看,博客遵循自我写作、自我编辑、自我出版的信息传递模式,这种无中央控制的分布模式,使得每个博客成为信息生产的中心,加上脱离了部分'守门人'的制约,因此博客的传播呈现非线性的互动模式,克服了传统金字塔结构中的一元信息的集中控制,使得纵向的传统权力结构趋向网络间的平行结构。"[1]这种话语权的下移,扩大社群的分化,提高公众的参与能力,使得参与环保话题、发表环保意见的公众大大增加了。

第三,交互性促成环保网络社区博客空前发展的原因之一就是它具有很强的交互性,这种既是信息的发布者又是信息的接受者的双重身份,极大地提高了个体的社会参与程度,人们的群体意识和自主意识得到发挥[2]。在互联网环境中,相近性和共同偏好对各自主体的沟通和交往发挥着积极作用;而当认知和意见不一致时,网络受众会更积极主动地通过参与网络传播以消除不一致。如果单一博客主体对某公共议题发表言说,其他博客主体有相同兴趣和关注,便会进行跟帖评论或转载,如此,这一话题就把散布的博客主体聚集起来,进行更大范围的讨论和传播。

二、爆发性传播

大众对环境问题高度敏感,引发对突发自然灾难的集中关注。环境议

---

[1] 潘祥辉:《去科层化:互联网在中国政治传播中的功能再考察》,《浙江社会科学》2011年第1期,第39页。

[2] 罗文华:《博客的传播模式及特点》,《中州大学学报》2009年第5期,第68页。

题的高度敏感性、公共性以及相关性，使得人们对相关信息高度关注，加之互联网信息传播的即时扩散效果，互联网为信息传播的公众参与、公众讨论提供了平台。公众具有强烈的"发言"意识，造成环境危机信息的运动式爆发性传播①。

互联网尤其是社交媒体以及移动终端对人们的社会交往影响很大，使得互联网成为实现环境传播影响公众舆论、实现环保目标的重要途径。互动性的增强，传者和受者之间的转化不再存在隔阂，也导致了二次传播②在环境传播中发挥着更重要的作用。大众对环境信息的知情权、渴求信息公开、对信息的自由流动具有强烈的认同感，是环境传播中互动性和二次传播效应产生的背后动力。而互联网则为这些内在动力提供了外在可实现的途径：通过互联网，人人都可以发声，人人都拥有渠道。在互联网时代，网站、微博、微信、论坛等转载、转发、转播等互动功能强大，二次传播异常活跃。互联网与传统媒体、互联网中政府、社会组织和公众之间的互动使环境信息产生很强的二次传播效应。

综合分析许多新近发生环境危机的传播过程，可以发现很多环境信息是互联网首发，或是普通人在网络空间爆料，而后传统媒体跟进形成二次传播效应。随着人们环境意识的加强，这样的传播途径愈加普遍，环境传播也从单向、双向转变为多中心、网络化，从而在本质上改变了环境传播运动发展的范式。特别是在环境危机事件中，运动式的爆发性传播成为可能。在当今世界，对于环保的关注已经成为人们的日常诉求，而当类似的环境问题在不同时间和地点一再发生时，将勾连起人们关于环保问题的情绪与诉求，这种情绪和诉求在网络空间中极易得到传播、酝酿和渲染，从而使得环境传播呈现出运动式的爆发。典型案例如美国墨西哥湾、阿拉斯加等地民众因为海上钻井漏油而抵制大型油气企业进驻当地进行开采活动。

---

① 干瑞青：《互联网时代环境传播的特性》，《青年记者》2013年12月，第23—25页。

② 二次传播指信息被接收后再次进行传播的过程。

案例 8-3：绿色和平组织的互联网全球传播[①]

绿色和平（Greenpeace）是一个国际性非政府组织，以环保工作为主，总部位于荷兰的阿姆斯特丹。该组织1971年成立于加拿大，如今捐款的人数已经累积到280万，在全球41个国家设有办事处。该组织的宗旨是促进实现一个更为绿色、和平和可持续发展的未来。

绿色和平是互联网传播的翘楚。首先，绿色和平致力于打造其官方网页，使之成为一个科学化、公开化的信息平台，增加了其可信度和重要性，是绿色和平塑造组织形象的地方。在其官网上有两大重要板块："最新动态"以专题形式整合了绿色和平的相关项目和新闻，"出版刊物"以专业角度通过相关科研机构的调研报告解读议题，还授权公众下载包含绿色和平财务状况的年度报告。这样，绿色和平的官网不仅保证了信息公开、及时发布，而且让公众看到了绿色和平组织开展的议题都是在专业的、科学的调查研究下进行的。

其次，绿色和平借助社交媒体进行大众传播，从而引发关注、转发和评论。2009年，绿色和平与中国最大的社交网站之一人人网开展合作，建立了公共主页，其中包含组织的简介、最新动态、环保资讯、公益活动的照片和视频，内容包括北极科考、冰雕小孩消融、太湖蓝藻爆发、贵州煤炭影响考察等，也不乏趣味讽刺漫画和精美环境壁纸，分享区里包含绿色和平公益调查实录、好友参与活动的视频作品等，涉及活动号召、志愿者心声、组织活动记录、对企业监督及对环境事件评论等方面。截至2009年12月31日，绿色和平公共主页的好友数超过18万，累计发表日志120篇，上传相册37个，分享视频14个[②]。绿色和平通过中国人人网这样的电子论坛和社交网络，结合了中国的时事，开放互动且精准地实现了全球互联网传播。

再次，绿色和平在利用互联网进行大众传播时使用了独特的传播

[①] 郑潮铭搜集了本案例的资料。
[②] 《绿色和平组织：社会关系网站 精准传播环保信息》，http://gongyi.sohu.com/20100114/n269580564.shtml，2015年11月14日。

策略。绿色和平为了吸引大众媒介的关注,会制造新鲜的、具有冲突性、戏剧性和代表性的媒介事件,在吸引媒介的同时也实现了大众传播。例如2002年12月,绿色和平成员在雀巢公司门前以行为艺术的方式向儿童人偶头部漏斗中灌输写有"转基因"的雀巢即时冲泡食品。绿色和平通过这样的传播策略,调动了公众的力量,形成强大的社会舆论压力。

最后,绿色和平还有一种传播方式叫做"脑海炸弹"(mind bomb)①,是绿色和平组织利用"首因效应"对公众进行传播。绿色和平通过长期跟踪某一个议题掌握了公众不知道的情况之后,扮演给公众对于这一事件施加"第一印象"的角色。由于信息不对称,公众本身对于污染环境的企业或者破坏行为了解很少,甚至对于这些污染对自身可能带来的伤害也不了解,所以他们更倾向于接受绿色和平对于这一事件的描述,即使当事企业或者组织通过各种方式进行反驳、辩解或者回应,都难以动摇绿色和平给公众带来的"第一印象"。为了让公众形成这样的印象,绿色和平经常通过互联网媒介,使用具有强烈感染力的文字、图片、视频来向公众传播相关信息。

随着移动互联设备快速更新,绿色和平组织看到了利用移动互联设备接触公众的机会,毫不犹豫地加入了制作iPhone APP的行列。2011年12月,绿色和平发布了一款专为食品健康而设计的iPhone应用"善食精灵"。这款APP集游戏和资料于一体,通过一只名叫善食精灵的电子宠物,帮助用户和公众能够快速判断400多种常见食品品牌是否存有健康隐患。对于公众而言,一款有趣又有用的手机应用毫无疑问让他们更容易了解绿色和平组织的工作和价值。

三、全球性和地方性的结合

环境议题通常具有地方性。地方性环境议题首先产生于某个具体的地

---

① 苏智:《绿色和平组织的传播机制、方式和策略研究》,华中农业大学博士论文,2013年。

区,大众对自身所处环境变化感触最直接,环境传播也是以地方环境事件传播为起点。环境事件发生后,当地的人们极力关注此事,传统媒体和互联网都报道此事。因为互联网传播平台的全球特性,加上环境危机具有全球普遍性的特点,环境危机常会由地方性议题延伸成为区域性议题,甚至全球性议题。

由于互联网的出现,环境传播的地方性和全球性实现了一定程度上的结合,使得地方性和全球性同步深化。全球性环境议题通过互联网在不同国家和地区被关注,形成地方特色,并与全球联动,实现地方性与全球性的统一。

> **案例 8-4:"地球一小时"全球环保运动**①
>
> "地球一小时"是世界自然基金会应对全球气候变化所提出的一项倡议,希望人们自觉在每年 3 月最后一个星期六 20:30—21:30 熄灯一小时,以此来支持气候变化行动。这项活动始于 2007 年澳大利亚发起熄灯一小时活动,以便节省电力,当时预计可减少电力消耗 5%,结果显示电力消耗下降 10%。世界自然保护基金认为,澳大利亚的这项活动效果良好,因此决定在世界各地推广。
>
> 世界自然基金会深刻理解互联网对这项环境传播运动的重要性,在世界范围内,Twitter、Facebook 等一系列社交网站大量转发"地球一小时"接力活动的信息,《纽约时报》、路透社、BBC 等官方网站都把"地球一小时"的新闻放在比较醒目的位置。
>
> 而在中国,世界自然基金会的推广包括"地球一小时"活动世界自然基金会中国官方网站、新浪微博、腾讯微博以及 APP。以"地球一小时"活动的新浪微博为例,截至 2016 年 5 月,其粉丝数超过了 20 万,微博数 2 857,活跃粉丝超过 14 万,具有相当的影响力。《青年记者》曾对"地球一小时"活动做过相关调查。调查结果显示,5% 的人通过报纸了解这项活动,65% 通过网络渠道了解,25% 通过电视渠道了解,剩下 5%

---

① 刘浏、萧慧珊搜集了本案例的资料。

通过人与人之间的沟通了解①。可见,互联网已经成为"地球一小时"活动的主要传播渠道。

互联网以其方便性和即时性,让公众可以随时随地参与到"地球一小时"的话题讨论和信息传播当中,微博、微信以及"地球一小时"专属APP都让传播和参与变得简单。人们不用专门集合到一个地方去参加,也不用提交专门的报名材料与审核,人们甚至无需任何手续就可以自己在家进行这项活动,并把自己参与活动的状况与网友们分享与互动。同时,网络也提供了更加新颖与时尚的参与方式,世界自然基金会在"豆瓣公益"小组中发起了"环保好声音"的活动;通过手机QQ收听世界自然基金会的认证账号,任何人都可以录制属于自己的环保宣言②。

意见领袖在传播中所发挥的作用是非常大的,同时网络又给予了他们良好的宣传渠道与用户接收信息的渠道。许多明星、议员,甚至总理都加入到"地球一小时"活动的转发热潮当中。例如拥有着百万粉丝的美国影视演员马克·鲁法洛、加拿大总理特鲁多都在Twitter上发布了自己呼吁公众参与"地球一小时"活动的信息。他们的信息获得了无数的转发和点赞,影响力很广。

互联网时代,人人都可以成为媒体。"地球一小时"活动巧妙地运用了这一特点,利用互联网渠道的即时性、便利性和互动性进行环境传播,将环保信息直接传递给公众,培养公众的环保意识。互联网帮助"地球一小时"活动在全球范围内受到关注,在公共舆论中形成环保热点,从而使得推动各国改善环境成为可能。

---

① 王立纲:《"地球一小时"公众参与度调查》,《青年记者》2012年第13期,第23页。

② 戴佳、曾繁旭、吴丽蓉:《用社交媒体讲好中国的绿色故事——"地球一小时"活动案例分析》,《对外传播》2015年第11期,第62—64页。

本章小结

1. 环境传播具有两方面的功能：环境传播是人类解决环境问题的工具；环境传播建构了我们对自然界的认识和理解。环境传播的内容分为三个部分：媒介与环境新闻、社会动员与环境促进以及环境危机传播与管理。
2. 全球化创造了一个共同的世界，地方制造了环境问题，但全球都有可能是受害者。环境问题已经无法通过单一国家和地区的努力来解决，而需要全球性的协作，需要建立跨国家、跨地区的协商监控制度。
3. 互联网时代加剧了对环境问题的认知度。互联网的去中心化使得传播源头多样化，信息传播的效率也大大提升，而传播渠道的增加使得传受双方的互动性增强，传者与受者间的界限逐渐模糊。在这样的变革背景下，环境传播呈现出新的传播特性：议程设置门槛降低，爆发性传播，全球性和地方性的结合。

第九章

全球网络信息安全与治理

信息安全是信息网络中的硬件和软件保持正常运行，数据不被任意修改、破坏或泄漏的一种状态。信息安全包含三个层次：第一，计算机硬件不因偶然或者恶意的原因遭到破坏；第二，保证数据和信息的完整性和保密性，保证信息不会被非法泄露和扩散；第三，保证网络系统随时可用，运行过程中不出现故障。

本章首先关注互联网时代的数据主权问题。其次，探讨互联网时代下信息安全的新特征，从政治、经济、军事、文化四个方面展现互联网信息安全的表现形式。在个人信息安全中，将会从影响个人信息安全的因素——政府、企业、个人中探讨个人信息安全面临的威胁。再次，本章叙述各国维护信息安全的法律政策，展现各国对互联网信息安全的重视和努力。最后，本章提出了全球网络治理新秩序的理想图景。

第一节 互联网时代的数据主权

一、从媒介主权、信息主权到数据主权

1. 媒介主权

主权是指一个国家代表其人民在其疆域内拥有的最高的权力，处理国内国际一切事务，而不受任何外来干涉。

媒介主权指一个国家对其境内媒介及其所传播的内容能够不加干涉行

使的权力,包含三个方面。

第一,媒介本身的所有权。各国政府对于媒介拥有者的身份都作了详细的规定。例如,我国传媒业历来是禁止外商投资的领域①。国家计委、国家经贸委和外经贸部于1998年实施的至今有效的《外商投资产业指导目录》把新闻业和广播电视业仍然列为禁止外商投资的产业,广播电视业包括:各级广播电台(站)、电视台(网)、发射和转播台(站);广播电视节目制作、出版、发行及播放;电视制片、发行和放映;录像放映②。美国也建立了本国控制的传播系统,禁止外国人拥有通信业公司和广播电视媒体;

第二,媒介内容保护主义。很多国家规定,在本国媒体(以广播电视居多)上传播的内容必须以本国媒体或者制作公司所制作的内容为主体。例如,韩国《传播法案》规定,国产电影必须占电视台电影播放时间的25%。英国的几个频道都禁止外国节目在其黄金时间里播出,外国影视作品的比例约占14%以下。法国规定外国影视剧在公共媒体播出的比例每年不得超过30%③;

第三,媒介通路的主权宣示,指国家对传播渠道的控制。在"冷战"中,很多国家对"美国之音"都采取了屏蔽信号的措施,以防止"美国之音"的节目宣传资本主义价值观。

2. 信息主权

在传统媒体时代,国家认为只要管理好媒介本身,就能够控制信息在国境内外的流动。但信息时代的来临让人们把视线放到了内涵更加宽泛的信息上去。国际互联网的发展使得信息问题越来越引起国际关注。互联网区别于传统媒体之处在于,虚拟网络使得信息流通更加便利,从而更加难以控制。因此,由信息技术革命所造成的信息自由流动把信息主权摆到了各国政府的面前。国际媒介空间由于互联网的普及而进行的重构使得信息凸显为影响和重构我们这个时代、国家、社会的重要变量。信息主权指一个国家对其政权管辖地域范围内任何信息的制造、传播和交易活动以及相关的组

---

① 魏永征:《新闻传播法教程》,中国人民大学出版社2002年版,第338页。
② 关世杰:《国际传播学》,北京大学出版社2004年版,第549页。
③ 刘习良:《电视译制片的重要性》,载赵化勇:《跨文化传播研究与探讨》,人民文学出版社2002年版,第2页。

织和制度拥有的最高权力。如果媒介主权针对的是制造、传播信息的载体，而信息主权则直接针对信息本身。

信息主权之所以引起重视是因为在互联网时代，信息强国对于信息弱国的权力不平等。信息强国通过对信息技术的垄断，主导整个国际互联网，从而威胁信息弱国的国家安全、国家主权和政权，在这种情况下，信息弱国更倾向于提出信息主权的问题。互联网域名由一家名为互联网名称与数字地址分配机构（简称ICANN）的非营利机构管理，但它是由美国商务部建立的，美国商务部对ICANN的所有决定拥有否决权。全世界共有13台根服务器，这13台根服务器中有10台（包括一台主根服务器）设置在美国。全世界在互联网方面对美国的依赖性很大。中国、印度和其他的一些发展中国家不断地对美国独霸互联网控制权提出挑战。2016年10月1日，美国商务部下属机构国家电信和信息局把互联网域名管理权完全交给了ICANN。

3. 数据主权

互联网技术的发展日新月异，转眼间我们又迎来了大数据时代。大数据在物理学、生物学、环境生态学等领域以及军事、金融、通信等行业存在已有时日，却因为近年来互联网和信息行业的发展而引起人们关注。互联网公司在日常运营中生成和累积了大量的用户网络行为数据。这些数据的规模是如此庞大，以至于不能用G或T来衡量，大数据的起始计量单位至少是P(1 000个T)、E(100万个T)或Z(10亿个T)。

谁拥有如此之多的数据？是用户本身，是某几家互联网公司，还是民族国家？数据主权指一个国家对其政权管辖地域范围内个人、企业和相关组织所产生的数据拥有的最高权力。学者汪晓风认为："如果把数据理解为矿产资源，信息就是采掘出来的原材料，进一步加工就成了产品，即知识。那么数据主权相当于国家对自然资源和领土的所有权。从这个意义上而言，数据主权比信息主权更有价值，因为国家可以对矿产资源拥有主权，但在市场体系中国家对于生产资料和产品只有分配权和收益权。"① 个人、企业和相关组织拥有处理数据的权利，但牵涉到国家利益、国家安全时，国家应该

---

① 汪晓风：《当前中美网络安全关系》，复旦大学美国研究中心校庆报告会，2013年5月14日。

拥有保护和处理这些数据的权力。

二、权力和能力：数据主权和数据掌握分析能力

"9·11"之后美国出台的《爱国者法案》要求所有在美国具有实体公司的云端服务供应商,包括亚马逊、英特尔、苹果与谷歌等把经过美国网络的数据交给美国联邦当局。据谷歌公司发布的透明度报告,到 2012 年年底,美国政府对谷歌公司提供个人数据的要求比 2009 年增长了 136%[①]。2013 年的下半年,美国政府对谷歌公司提出了超过 10 000 条用户数据披露要求[②]。经过美国网络或者存储在美国公司提供的"云"中的数据是外国人、外国公司和外国政府的吗? 美国政府有权监视这些数据吗?

按照数据主权的界定,美国政府没有权力监视这些数据。但大数据时代带来的复杂权责关系使得问题不那么简单。大数据时代的数据处理与传统的数据处理方式相比,有三个新的特点:第一,数据量由 TB 级升至 PB 级,并仍在持续爆炸式增长;第二,对数据分析能力的需求大大提高,用户已经不满足于对现有数据的分析和监测,而是希望通过处理和分析大数据,挖掘其深度的价值和预测未来趋势;第三,数据处理和存储设备由固定的硬件系统转变为"云",即由网络来为数据的计算和存储提供资源和服务。从这三个特点来看,数据如果在"云"中计算和处理,数据就很难被边界所界定,因为"云"在天上,虚拟"云"没有边界。云处理不考虑地理位置的因素,承诺给客户带来更多的便利、更高的成本效率和更大的灵活性,用户的数据往往分布在云服务提供商的全球资源中,并受制于各个司法管辖区的规章制度的约束。用户甚至自身都可能不知道他们的数据到底被储存在什么地方。

然而,云服务终究是由实体公司提供的,而实体公司是有地理位置和国家属性的。而且,实体公司受各国政府法律和行政的管制。谷歌公司告诉

---

① Dominic Rushe,"GOOGLE: US Government Requesting Even More Private Data Without Warrants", *The Guardian*, Jan. 24, 2013.

② Dominic Rushe,"US government requests for Google user data jump 120% since 2009", *The Guardian*, Mar. 27, 2014.

德国媒体巨头 Wirtschafts Woche,在《爱国者法案》的要求下,谷歌把在欧洲数据中心存储的数据通过安全港框架(Safe Harbor framework)传输到了美国。而在这之前,微软公司也承认在欧洲存储的信息并不安全,遭受着来自美国监察的风险。微软公司也会把在欧洲的数据传输给美国政府①。

大数据带来了复杂的权责关系:产生数据的个人、私营部门、非政府组织和政府机构,拥有数据存取实际管理权的云服务提供商(可以分配数据存储、处理和传输的权限)和拥有数据法律和行政管辖权的各国政府,三者在大数据问题上的法律权责不明确,实际能力也有很大差异。在目前情况下,对大数据的使用即使有法律规范,但真正实施起来依然有很大的困难。

早在 2009 年,Facebook 就对用户服务协议进行修改,称 Facebook 对用户上传的资料拥有"永久"的许可授权,此举遭到媒体曝光后,CEO 马克·扎克伯格马上澄清:"我们并不拥有用户数据,以及用户在 Facebook 上的行为记录。"②但 Facebook 的确在利用用户在该网站上的数据赚钱,例如,如果 Facebook 用户点击了某个百货零售店的"赞"键,那么 Facebook 平台的该连锁店主页广告上就可显示该用户的姓名(有时还包括照片)。为此,该网站如何处理在用户处收集到的数据已经成为世界各国的消费者、法庭和监管机构严格审查的众矢之的。爱尔兰监管机构已经要求 Facebook 给予用户更多的信息控制权力。美国加州的一桩诉讼就指控 Facebook 在未经用户同意的情况下将用户的偏好植入广告之中。但这种法律监管和诉讼实际上很难实施。欧洲数据保护条例要求互联网公司尊重消费者的权利,使得消费者有权要求删除个人数据。该条例还要求 Facebook 等网站在分享用户数据之前必须获得用户的明确授权。但在实际操作中,这点几乎无法做到。13 亿 Facebook 用户不可能对每次上网行为产生的数据授权,如果对用户所有的数据进行授权,则由于数据太多太复杂,个体用户自己都

---

① Zack Whittaker, "Google admits Patriot Act requests; Handed over European data to U. S. authorities", http://www.zdnet.com/blog/igeneration/google-admits-patriot-act-requests-handed-over-european-data-to-u-s-authorities/12191, 2013-6-4.

② 《Facebook CEO 向用户道歉称不拥有用户数据》,http://tech.sina.com.cn/i/2009-02-27/10262864562.shtml, 2014 年 5 月 21 日。

难以辨认和作出决定①。

数据主权是一种权力,但实施这种权力则需要能力。这种权力和能力体现在:

1. 国家安全

目前阶段互联网发展的特征是移动互联网的应用,移动设备上记录了用户大量的数据。学者杨岷等通过研究发现,国内安卓系统应用程序泄露用户隐私信息的问题非常严重,所选取的 3 个主流的第三方应用程序商城的泄漏率基本都在 60% 左右;运营商的泄漏率为 65%;平台的泄漏率为 72%;7 个商城的总体泄漏率达到 58%②。这本来关乎的只是个人隐私,问题是如果泄漏的是政府部门决策者的数据,则关乎国家安全。

2012 年 1 月 25 日,欧盟起草了"数据保护指令",规定了在欧盟范围内个人信息流动的基本流程,以维护欧洲边界内的数据个人隐私和国家安全。欧洲议会成员国纷纷要求改变欧洲数据传输到美国的方式,反映了欧洲数据法律和美国《爱国者法案》之间的冲突。微软伦敦总裁戈登·弗雷泽承认微软不能保证存储在欧洲的云数据不会离开欧洲。欧洲议会成员质疑 1995 年的欧洲数据法案还是否在执行,呼吁加强欧洲数据法律的执行以对抗美国《爱国者法案》。欧盟委员会要求微软、谷歌和 Facebook 这样的公司必须严格遵守欧洲的隐私法则,美国《爱国者法案》不能凌驾于欧洲数据法律之上③。欧盟的这一举措反映了大数据时代国家安全的重要性,具体而言,牵涉到军事国防、金融贸易、社会管理等领域数据的保密性(不被非法获取)、完整性(不被非法篡改)和安全性(数据传输不被阻断)等。

2. 国家竞争力

舍恩伯格认为:"大数据也会撼动国家竞争力。当制造业已经大幅转向

---

① SominiSengupta,"Risk and Riches in User Data for Facebook",2012-2-26.

② 杨珉等:《国内 Android 应用商城中程序隐私泄露分析》,《清华大学学报(自然科学版)》2012 年第 10 期,第 1420—1426 页。

③ Zack Whittaker, "EU demands answers over Microsoft's Patriot Act admission" http://www.zdnet.com/blog/igeneration/eu-demands-answers-over-microsofts-patriot-act-admission/11290,2013-6-24.

发展中国家,而大家都争相发展创新行业的时候,工业化国家因为掌握了数据以及大数据技术,所以仍然在全球竞争中占据优势。不幸的是,这个优势很难持续。就像互联网和计算机技术一样,随着世界上的其他国家和地区都开始采用这些技术,西方世界在大数据技术上的领先地位将慢慢消失。"①据麦肯锡公司测算,美国医疗行业的大数据每年可以创造3 000亿美元的价值。欧洲富裕国家的政府每年可以利用大数据提高效率,节约大约1 000亿欧元的公共开支②。纽约市政府还利用大数据来降低大楼火灾风险③。其实,大数据的价值并非大数据本身所具有,大数据需要经过处理、分析,才能创造出价值。企业可以利用大数据创造价值,而国家则可以利用大数据规划产业发展战略。这种能力关乎一个企业、一个产业的兴衰存亡,也是一个国家竞争力的一部分。这种能力在今天这个时代,能够为国家和社会创造巨大的价值。

随着信息技术的发展,信息在全世界范围内得到更加自由的流通,国家势必会失去一部分控制能力。国际传播学家因此把信息时代的国家分为信息强国和信息弱国,信息强国往往是信息生产国,而信息弱国则是信息消费国,信息生产国要比信息消费国占有更大的优势④。在大数据时代,信息强国和弱国的区别在于对数据的掌控分析能力。数据主权为国家安全提供法理上的依据,而数据掌控分析能力则是大数据时代国家竞争力的核心部分,对国家安全的维护和保障最终依靠的是国家竞争力,因此,在实践层面上,数据掌控分析能力最终决定了数据主权的实现与否。

---

① [英]维克托·迈尔-舍恩伯格、肯尼思·库克耶:《大数据时代》,盛杨燕、周涛译,浙江人民出版社2013年版,第188—189页。
② McKinsey Global Institue, "Big Data: The Next Frontier for Innovation, Competition, and Productivity", May, 2011, http://www.mckinsey.com/insights/business_technology/big_data_the_next_frontier_for_innovation, 2013-6-24.
③ Kenneth Neil Cukier and Viktor Mayer-Schoenberger, "The Rise of Big Data How It's Changing the Way We Think About the World", *Foreign Affairs*, 2013, pp. 27-40.
④ [美]门罗·E·普莱斯:《媒介与主权》,麻争旗等译,中国传媒大学出版社2008年版,第149页。

第二节　互联网环境中的信息安全

随着计算机通信技术的发展,现代意义上的信息安全超越了内容层面的信息安全,延伸到计算机物理层面、运行层面和数据层面,包括计算机通信设施的安全、通信网络的安全以及计算机通信数据的安全。

数字化社会的到来,使信息安全问题呈现出新的特点。第一,互联网开放性使整个信息网络更加脆弱,信息安全攻击源和安全防范对象具有多元性和广谱化的特点。信息安全防范的对象不易被发现,对于这种不确定的攻击对象,信息安全攻击往往防不胜防,很难针对性地开展有效的防御。很多时候,被攻击的对象处于腹背受敌的状态。第二,互联网虚拟性的特征使得攻击的对象的身份很难被识别、确认和追查。第三,互联网信息技术的广泛渗透性使互联网攻击的成本更加低廉、门槛更低,而与此同时建设和保障信息安全的成本则更加昂贵,攻击和防范存在"完全不对称性"①的状态。第四,互联网高智能性使得信息安全的手段需要多元化科技手段去应对。第五,互联网互联互通的特性使公用网络和私人网络、军用和民用网络、各个国家之间的网络连为一体,全球信息安全体系构成了一个史无前例的实时连接的系统②。因此,互联网时代信息安全灾难的影响范围更广,信息安全也呈现出"即时效应"和"连锁反应"。解决现代信息安全问题,更加需要国际间的相互配合和共同努力。

一、国家信息安全

随着信息技术的发展,国家安全不再局限于传统的保护国家主权和领土完整,它也不仅仅是保障军事的安全,还需要保障经济、社会、文化、科技等诸多领域的安全。国家信息安全已经成为和平时期国家安全中极其重要

---

① 沈昌祥、左晓栋:《信息安全》,浙江大学出版社 2007 年版,第 21 页。
② 同上。

的一部分。在信息社会,国家安全的核心已经衍变成信息安全①。

1. 国家政治信息安全

在传统安全观的视角下,政治安全是国家安全最核心的领域,是主权国家存续的根本因素,主要以主权独立、领土完整、政权稳固、社会稳定等形式表现出来②。信息网络时代的政治安全是指在信息网络迅猛发展的新环境下,一个主权国家有效防范来自外部的政治干预、压力和颠覆,以及内部敌对势力的破坏活动,确保国家政治制度的安全、稳定,维护国家主权和领土完整,增强国际地位的正常运行的状态③。相对于传统的政治安全,信息网络时代下的政治安全需要防范的范围更广。传统的政治安全需要保卫国家疆界的安全,包括领土疆界安全、领空疆界安全、领海疆界安全。互联网信息技术的发展,出现了在领土、领空、领海之外的虚拟疆界,在这个虚拟的疆域中,国家还需要保障信息主权不被颠覆和侵犯。对内表现为国家对本土的信息疆域中信息制造、传播和交易活动,以及相关的组织和制度拥有最高的权力;对外表现为国家有权决定采取何种方式、以什么样的程序参与国际信息活动,并且有权在信息利益受到他国侵犯时采取必要措施进行保护④。

相对于传统的政治安全,信息网络时代下的政治安全需要防范难度更大。移动互联网的发展、智能手机的普及,为线上的政治集会和政治动员提供了便利。现在,组织或参与政治颠覆活动的人员不需要在实际的场地聚集、策划、讨论政治颠覆活动。无论是组织中的领导人发布活动纲领,还是活动中的普通成员参与活动,组织内人员都可以用手机进行联系,利用移动互联网进行信息交换。利用互联网进行政治动员的方式隐蔽性更强,更难被国家侦测和识别,增加了保障国家政治信息安全的难度。此外,随着"互联网+"的发展,电子政务方兴未艾。随着信息技术的发展,政治信息化正在由专属主机、封闭网络、开放式分散处理系统,逐步走向国际互联网的多

---

① 金小川:《信息社会的重大课题:国家信息安全》,《国际展望》1999年第17期。
② 黄日涵:《国家安全知识简明读本:信息安全》,国际文化出版公司2014年版,第43页。
③ 李孟刚:《国家信息安全问题研究》,社会科学文献出版社2012年版,第31页。
④ 同上。

媒体信息交流和业务处理①,政务信息的保密性、完整性、可用性等安全问题也成为影响国家政治安全的因素。

2. 国际经济信息安全

在传统安全领域,经济安全是指维护国家经济的持续、稳定、健康发展,国家经济利益不受内外干扰、侵犯和破坏②。随着国家信息化程度的提高,信息网络正逐步成为国家的重要基础设施。信息网络逐步覆盖国民经济中的关键基础设施,包括金融、银行、税收、能源生产储备、粮油生产储备、水电供应、交通运输、邮电通信、广播电视、商业贸易等。各个领域信息系统之间的联系越来越紧密,一旦某一领域的信息系统遭到恶意攻击,轻则造成经济损失和社会生活的不便,重则使整个国民经济陷入瘫痪。此外,随着经济贸易信息化水平的提高、电子商务的蓬勃发展,互联网上产生了大量的经济金融数据,一旦运行这些数据的软件被某些国家安插了间谍软件,一国的经济情报和商业机密就可能遭到窃取,经济信息系统也可能随时遭到恶意攻击。互联网的发展也让经济犯罪活动有了新的手段和形式。以网络为载体,违法犯罪分子可以利用恶意软件、木马病毒等手段扰乱市场经济秩序,破坏国民经济健康运行。

3. 国家军事信息安全

传统意义上的军事安全,主要是指国家运用军事力量捍卫国家安全,维护国家主权完整和长治久安,保卫人民生命财产,为国家发展和人民生活提供一个相对稳定的内部和外部环境③。随着信息技术在军事领域的广泛应用,战争的形态发生了全新的变化。首先,作战的空间由传统的领土、领空、领海转向网络空间,信息系统成为新的作战要素。正如美国著名军事学家詹姆斯·亚当斯(James Adams)在《下一场世界战争》中预言:"在未来的战争中,计算机本身就是武器,前线无处不在,夺取作战空间控制权不是炮弹和子弹,而是计算机网络流动的比特和字节。"④其次,网络信息战成为军事

---

① 唐晋:《信息公开与政治安全》,人民日报出版社2009年版,第4页。
② 黄日涵:《国家安全知识简明读本:信息安全》,国际文化出版公司2014年版,第51页。
③ 同上书,第59页。
④ 同上书,第60页。

作战的重要方式。在网络信息战中,作战的方式主要有攻击对方信息系统的关键节点、切断对方的信息通道、篡改对方的信息数据、窃取对方的机密情报等。网络信息战的出现,使得利用鼠标和键盘进行一场不流血的战争正在成为现实。最后,信息作为现代战争的战略资源,其重要性进一步提升,信息力量成为现代军队作战能力的关键因素,战争的胜负越来越取决于对"制信息权"的掌握程度。所谓"制信息权"就是能够收集、处理、分发不间断的信息流,同时剥夺对方精确获取、处理、传递信息的能力[①]。哪一方在战争中掌握的信息越多、越准确,对信息的利用越好,就有可能取得压倒性优势。

4. 国家文化信息安全

国家文化安全中的"文化"是指与不同民族、国家、制度相对应的"个性文化",大体上可以分为意识形态和民族文化两方面。国家文化安全关注的是这种"个性文化"是否得到独立自主的健康发展,是否在国际文化交流中具有现实的平等地位[②]。国家文化安全的威胁主要来自文化扩张和文化霸权,强势文化的入侵削弱甚至腐蚀了国家"个性文化"的影响力。本章中讨论的国家文化信息安全问题,是在互联网信息时代下,文化扩张和文化渗透是否借助互联网进一步扩大了影响力,给国家文化的自主发展带来了更大的威胁和挑战。互联网的发展加强了各国文化之间的交流,但也使一些国家面临着维护本国文化安全的问题。一些国家利用互联网时代的媒介资源,向目标国推行政治制度、价值观念、民主思想、意识形态等,甚至利用互联网的信息传播渠道,对目标国进行颠覆性的宣传。这些都让目标国的主体文化面临被空心化和边缘化的危险。

二、个人信息安全

个人数据不仅限于个人的基本信息,如姓名、地址、性别、年龄等,还包括个人在互联网上的行为数据,如个人在网上发表的言论、购买的东西、在

---

① 黄日涵:《国家安全知识简明读本:信息安全》,国际文化出版公司2014年版,第68页。

② 韩源:《中国文化安全评论》,社会科学文献出版社2016年版,第14页。

线的时长、页面的跳转和退出等。移动时代的到来,从手机上的移动客户端到可穿戴设备,在互联网世界增加了各种各样的个人数据。这些数据不仅包括注册时的个人基本信息,如个人的姓名、地址、性别、年龄、职业等,还包括从社交网站获取的个人的社交关系信息、从GPS获取的位置信息、从可穿戴设备获取的个人健康数据等互联网行为数据。大量的个人数据通过手机、平板电脑、智能设备等终端传送到手机应用软件的服务器上。现在,个人数据安全取决于服务器物理层面的安全的同时,也取决于存储数据的服务器在网络层面的安全,服务器所属的企业如何处理数据,以及存储数据的服务器所在的国家对个人数据的法律政策。互联网时代影响个人信息安全的变量非常之多,总体而言分为国家政府行为、企业行为和个人行为三个方面。

1. 国家政府行为

国家政府行为是影响个人信息安全的重要变量。国家制定的关于网络安全、个人数据安全的法律政策是保护用户个人信息安全的重要措施。但同时,某些国家也可能假借国家安全之名,任意使用用户数据,侵犯用户隐私。

案例 9-1:斯诺登披露美国政府"棱镜计划"

2013年6月,美国国家安全局(NSA)前员工斯诺登向世界公布了美国全球监听计划——"棱镜计划"(PRISM),它是一项由美国国家安全局自2007年起开始实施的绝密电子监听计划。在这个监听项目中,美国国安局信息监控的信息包括电子邮件、即时消息、视频、照片、存储数据、语音聊天、文件传输、视频会议、登录时间和社交网络资料的细节等等。斯诺登公布的文件中显示,美国政府通过威尔森电信公司获取了大量美国公民的通话时间和通话内容,通过苹果、微软、雅虎、谷歌等大型互联网企业获取大量的个人数据。美国政府不仅监听了美国民众的通话数据,全世界网民的互联网活动都在美国的监视之下。据斯诺登曝光的文件显示,美国国家安全局通过接入全球移动网络,每天收集全球高达近50亿份手机通话的位置记录,并汇聚成庞大数据库。美国

> 国家安全局大规模搜集全球手机短信息,每天大约收集20亿条。除了对普通民众的监听计划,"棱镜计划"还对包括德国总理默克尔在内的国家领导人的通话进行了监听。德国《明镜》周刊援引斯诺登提供的文件披露,美国国家安全局2009年针对122名国家领导人实施监听,并建有一个专门存放国家领导人信息的数据库,其中关于德国总理默克尔的报告就有300份。名单从"A"开始,按每人名字的首字母顺序排列,第一位是时任马来西亚总理阿卜杜拉·巴达维,默克尔排在"A"区的第九位。122人名单的最后一位是尤利娅·季莫申科,时任乌克兰总理①。

随着互联网技术的发展,移动终端日渐增多,移动APP成为收集数据的"蓄水池",同时数据也不再像计算机时代存放在本地,而是大量地被存储在APP的服务器上,成为一些国家监听的入口。苹果和安卓手机操作系统在美国国家安全局内部被称作"数据资源的金矿",美英情报部门2007年就已合作监控手机应用程序。据英国《卫报》、美国《纽约时报》报道,美国国家安全局多年来一直从移动设备应用程序中抓取个人数据,包括个人用户的位置数据(基于GPS)、种族、年龄和其他个人资料。这些应用程序包括手机游戏"愤怒的小鸟"、应用程序"谷歌地图"以及Facebook、Twitter和网络相册Flickr的手机客户端②。国家政府行为影响了个人数据安全。在本案例中,美国的全球监听计划让全球用户的隐私暴露在美国政府的数据库里,所有私人的通话信息、社交关系信息、互联网行为信息都被美国政府所掌握。

2. 企业行为

移动互联网的蓬勃发展,让数据的存储方式从计算机本地转移到移动APP开发者的服务器上,一方面,服务器在物理层和网络层面安全问题给用户的个人隐私埋下隐患;另一方面,企业对于这些数据的开发利用也是影

---

① 《美国全球监听行动纪录》,新华网,http://news.xinhuanet.com/zgjx/2014-05/27/c_133363921.htm,2014年5月26日。

② 同上。

响用户个人隐私的重要变量。在服务器物理层面,和其他网络基础设施一样,存储数据的服务器同样面临着军事打击、系统瘫痪等风险。在服务器网络层面,互联网让越来越多相互隔离的局域网变成相互连接的一个整体。一旦一台存储数据的服务器遭到袭击,其他与之相连的服务器很可能受到连带的影响。同时,存储大量数据的企业对数据的使用,也是影响个人数据安全的因素之一。当个人在联网的状态下使用手机、平板、智能终端等移动设备,其网上的行为产生了大量的数据,这些数据被存储在提供互联网服务的企业的服务器上。而使用互联网服务的个人,很多时候对企业关于数据的处理并不知情。

首先,一些企业在记录用户个人数据时,并不会明确告知用户其数据已被记录。例如,不是所有的网站都在用户进入的时候,都提示是否同意记录其 cookie(Web 服务器保存在用户浏览器上的小文本文件,包含了用户浏览网页的行为数据)。其次,一些企业在用户不知情的情况下,将用户的个人数据转移或贩卖给第三方。例如,一些企业会将用户的搜索数据转卖给广告商,成为其精准营销的依据,而用户则会被动地受到网络广告的骚扰。还有一些企业会将数据转卖给中间商,使用户收到诸如垃圾短信、诈骗短信、诈骗电话等困扰。最后,存储数据的服务器一旦遭到黑客的袭击,会造成大量的用户个人数据泄漏,将用户的个人隐私暴露在空气中。

3. 个人行为

个人数据的威胁不仅仅源于外部因素,也源于个人网络安全意识薄弱。不少用户为了连入免费的无线网络,主动地输入自己的个人信息;或是为了获取某种互联网服务,主动打开自己的 GPS 定位,暴露自己的位置信息。保障个人数据的安全,除了国家对个人数据安全的立法保护,企业对服务器的网络安全保障,还需要加强个人的网络安全教育,提高个人的数据安全意识。

第三节 各国对网络空间安全的维护

2015 年,斯诺登事件之后,各国都开始加强对信息和数据的保护。中国、美国、欧盟、英国、法国、俄罗斯、爱尔兰、韩国、日本等多个国家都制定了网络空间安全战略,并且通过了各种各样的法律、法规和条例。归纳这些国家对数据、信息、网络和基础设施的保护措施,有以下几个共同点。

一、国家战略:维护网络安全

习近平总书记在多个场合强调维护网络主权和网络安全,《中华人民共和国国家安全法》《中华人民共和国网络安全法》和《国家网络空间安全战略》都是从国家层面制定的法律和战略。

2015年4月,美国发布《美国网络安全战略》指出,2013—2015年年间,网络安全问题超越恐怖主义,成为美国国家安全的首要威胁。为此,美国制定了五大网络战略目标。第一,建立和维护网络军备力量和能力。第二,保护美国国防部信息网络和数据的安全,减弱国防部网络安全行动的风险。第三,保卫美国国土安全和国家核心利益不受网络攻击。第四,建立网络应对机制,防止网络冲突升级。第五,建立和维护强大的国际联盟和合作伙伴关系,威慑共同的网络安全威胁①。

2015年10月法国发布了《法国国家数字安全战略》,提出了法国国家数字安全的五大目标:利用自主战略思维和世界一流的专业技术,保障网络空间核心利益和核心设施,提升国内国际间的网络空间合作;加强用户隐私保护,为大众提供网络安全产品;为网络恶意袭击的受害者提供技术和法律援助;加强网络安全教育,提升公众网络安全的意识;在数字化市场中,为法国企业提供产品和服务安全环境;与欧盟其他成员国一起构建自主战略路线图,增强法国在国际网络安全的影响力,帮助其他国家增强网络安全能力②。

2015年,爱尔兰发布《2015—2017国家网络安全战略》指出,由于爱尔

---

① "The DoD Cyber Strategy", http://www.defense.gov/Portals/1/features/2015/0415_cyber-strategy/Final_2015_DoD_CYBER_STRATEGY_for_web.pdf,2016-7-10.

② "French National Digital Security Strategy", https://www.enisa.europa.eu/topics/national-cyber-security-strategies/ncss-map/France_Cyber_Security_Strategy.pdf,2016-7-18.

兰存在大量以数据为中心的企业,包括谷歌、微软、英特尔、苹果、IBM、亚马逊等,在国家层面爱尔兰面临的网络安全风险比其他国家更为复杂①。为了提高其网络安全,爱尔兰将设立国家网络安全中心。该中心将执行网络安全任务,保障政府网络安全,协助企业和个人的系统安全,保障国家主要基础设施的安全。同时,建立网络安全事件管理系统,提高侦察、应对网络威胁和袭击的能力。遵照欧盟出台的《网络和信息安全指令》,建立和加强与其他国家的信息共享机制,积极参与欧洲和国际互联网信息安全讨论。设立教育训练项目,提升公众网络安全意识,帮助中小企业保护网络安全,加强和学校等科研机构的合作②。

2015年9月,日本内阁通过了第二版《日本网络安全战略》,战略中首次强调了网络空间的积极影响,认为网络空间既带来了威胁,也可以孕育创新。战略承认,仅凭政府无法解决网络安全中所有的挑战,政府需要和用户、民间社会、关键基础设施公司通过双向和实时信息共享等措施,共同维护网络安全。战略还表明,考虑到网络技术将在推动经济增长方面发挥重要作用,安全措施不应妨碍日本的创新能力③。

二、设置高级别的协调中心

中国在2014年2月27日成立了中央网络安全和信息化领导小组,由习近平任组长,副组长是李克强和刘云山。该领导小组着眼国家安全和长远发展,统筹协调涉及经济、政治、文化、社会及军事等各个领域的网络安全和信息化重大问题,研究制定网络安全和信息化发展战略、宏观规划和重大政策,推动国家网络安全和信息化法治建设,不断增强安全保障能力。

---

① 《7月20日至7月26日网络安全情况》,http://www.moe.edu.cn/s78/A12/szs_lef/moe_1427/moe_1431/201508/t20150812_199801.html,2016年8月26日。

② "National Cyber Security Strategy 2015 – 2017", https://www.enisa.europa.eu/topics/national-cyber-security-strategies/ncss-map/NCSS_IE.pdf,2016-8-14。

③ Mihoko Matsubara, "Japan's New Cybersecurity Strategy: Security Without Thwarting Economic Growth", http://blogs.cfr.org/cyber/2015/11/02/japans-new-cybersecurity-strategy-security-without-thwarting-economic-growth/,2016-10-12。

美国由奥巴马总统统一协调国家网络安全和战略事宜。2015年10月27日,美国参议院还通过了《网络安全信息共享法案》,它是一部针对互联网网络安全威胁制定的信息和数据共享方案。该法案要求美国国家安全局、联邦调查局、国防部和司法部建立机制,和私人企业、非政府机构、地方政府、公众和任何受到安全威胁的实体共享网络安全威胁信息①。

2014年11月6日,日本国会众议院表决通过《网络安全基本法》,旨在加强日本政府与民间在网络安全领域的协调和运用,更好应对网络攻击。根据这项立法,日本政府将新设以内阁官房长官为首的"网络安全战略本部",协调各政府部门的网络安全对策②。《网络安全基本法》规定,电力、金融等重要社会基础设施运营商、网络相关企业、地方自治体等有义务配合网络安全相关举措或提供相关情报。基本法还规定,政府必须为政府机构建立统一的网络安全标准,监督政府信息网络系统,以及检测和分析未经授权的活动或攻击。政府还必须采取措施,提高在网络安全领域工作的人员技能③。

三、打击网络犯罪和网络恐怖主义

2015年,欧盟制定了未来五年的安全计划,认为打击数字时代下的网络犯罪,需要新的法律手段。计划针对三个主要威胁:欧洲本土的恐怖袭击、有组织的跨境犯罪和网络犯罪。其中,在打击网络犯罪方面,计划指出,首先要遵照欧盟关于此问题现存的法律规定,例如2013年的法令将传播恶意软件定为违法行为,2011年的法令禁止网络虐童行为等。其次,在物联网和云计算的环境下,司法机构可以跨境获取证据和信息,还可以从IP地址等实时收集电子证据。但是计划必须坚持数据保护的原则,法律机构对数据的收集用来保护用户的个人隐私,打击网络犯罪侵犯和身份窃取。最

---

① "S. 754 — Cybersecurity Information Sharing Act of 2015", https://www.congress.gov/bill/114th-congress/senate-bill/754,2016-10-28.
② 《日本国会通过网络安全基本法应对网络攻击》,http://news.xinhuanet.com/world/2014-11/06/c_1113144002.htm,2016年10月6日。
③ SayuriUmeda,"Japan: Cybersecurity Basic Act Adopted",2016-10-10.

后,计划在欧洲网络安全中心、各成员国的计算机应急小组和给终端用户提供警告和技术保护的网络服务供应商之间建立对抗网络威胁整套配合机制①。

2016年2月23日,韩国国会立法预告了议员提出的《国家防止网络恐怖主义等相关法案》,对"网络恐怖主义""网络安全""网络危机""网络恐怖信息""网络恐怖主义防止和危机管理责任机构""网络恐怖主义防止和危机管理支援机构"等进行了界定。该法案明确规定,遇到网络恐怖主义威胁时,应向周边国家或者国际组织进行求助与合作②。

四、积极参与国际合作

每个国家都强调与其他国家一起合作打击网络犯罪,抵御网络安全威胁。2013年,联合国信息安全政府专家组达成一致,确立国际法,特别是《联合国宪章》适用网络空间,并表示:"国家主权和源自主权的国际规范和原则适用于国家进行的信息通信技术活动,以及国家在其领土内对信息通信技术基础设施的管辖权。"该专家组在2015年报告中继续强调国际法、《联合国宪章》和主权原则的重要性,它们是加强各国使用通信技术安全性的基础,"各国在使用通信技术时,除其他国际法原则外,还必须遵守国家主权、主权平等、以和平手段解决争端和不干涉其他国家内政的原则。国际法规定的现有义务适用于国家使用通信技术"③。

中国政府始终支持并积极开展互联网领域的国际交流与合作,重视在维护互联网安全方面的区域合作,积极推动建立互联网领域的双边对话交流机制。早在2011年,中国、俄罗斯、塔吉克斯坦、乌兹别克斯坦向第66届

---

① "The European Agenda on Security", http://ec. europa. eu/dgs/home-affairs/e-library/documents/basic-documents/docs/eu_ agenda _ on _ security _ en. pdf, 2015 - 4-28.

② 姚财福:《韩国颁布反恐法,加大情报机构信息收集权限》,http://mp.weixin. qq. com/s? __biz=MzA4MjAyNzk0NQ==&mid=2649464691&idx=1&sn=cacb3679dfe600ddf95fe98001c18c47,2016年4月21日。

③ 白皓:《网络空间安全治理的中国主张——以主权原则为视角》,《信息安全与通信保密》2017年第4期,第30—38页。

联合国大会提交的《信息安全国际行为准则》指出:"重申与互联网有关的公共政策问题的决策权是各国的主权,对于互联网有关的国际公共政策问题,各国拥有权利并负有责任。"在第一、二届世界互联网大会上,习近平总书记的讲话都强调了加强网络安全方面的国际合作。2014年10月,中日韩签署《关于加强网络安全领域合作的谅解备忘录》,建立网络安全事务磋商机制,探讨共同打击网络犯罪和网络恐怖主义,在互联网应急响应机制方面建立合作。2015年5月,俄罗斯和中国签署《国际信息安全保障领域政府间合作协议》,双方特别关注利用计算机技术破坏国家主权、安全以及干涉内政方面的威胁①。

五、重视数据主权

早在1995年,欧洲议会就通过了《数据保护指令》,为欧盟成员国立法保护个人数据设立了最低标准②。但到2015年左右,在云计算的背景下,数据在全球范围内存放和转移,对个人隐私的保护提出了更加严峻的挑战。2015年9月1日,俄罗斯《个人数据保护法》生效,根据新法的规定,所有互联网公司收集的俄罗斯公民的个人信息数据必须存储在俄罗斯境内③。法律中所指的个人信息,不仅包括姓名、住址、出生日期等,还包括与公民身份相关的任何信息。俄罗斯联邦通信、信息技术和大众传媒监督局将对此进行监督,违法的公司将会被起诉④。任何收集俄罗斯公民个人信息的本国或者外国公司在处理与个人信息相关的数据,包括采集、积累和存储时,也

---

① 《网络安全国际合作已成大势所趋》,http://theory.people.com.cn/n1/2015/1217/c401419-27939758.html,2016年12月17日。
② 《欧盟是如通过立法来保护个人数据隐私的》,http://www.tmtpost.com/1497640.html,2016年10月13日。
③ "New Russian law bans citizens' personal data being held on foreign servers", *Russia Today*, https://www.rt.com/politics/170604-russia-personal-data-servers/,2014-7-5.
④ 《俄新法规定公民数据只能存于境内服务器》,http://news.ifeng.com/a/20150901/44566623_0.shtml,2016年10月13日。

必须使用俄罗斯境内的服务器①。法律还规定,在一些特殊情况下,执法、行使国家机关和地方政府的权力可以在俄境外的服务器上处理个人信息数据②。该法旨在保护数据安全,也被认为可能会阻碍公民个人信息的自由流动,进而影响公民的在线活动,干涉了公民自由。

2015 年 10 月 6 日,欧盟法院公布了一份判决,宣布与"美国—欧盟安全港协议"有关的"2000/520 号欧盟决定"无效③。"美国—欧盟安全港协议"允许欧盟将个人数据传输到美国的服务器上,把美国的服务器视为保存数据的"安全港"。在斯诺登事件之前,美国公司只要获得"安全港"的认证,就可以在美国收集、存储以及传输欧盟公民的个人数据。为了保障欧盟内的数据安全,协议中允许欧盟向美国转移个人数据的机制宣告废除。协议的中止也意味着包括 Facebook、谷歌在内的美国互联网企业,对欧盟内的个人用户数据只能存放在欧洲本机,无法将欧盟公民的个人资料传输到美国的服务器,供美国政府审查。

2016 年 4 月 14 日,欧洲议会通过了《一般数据保护条例》,启动对个人数据的保护。条例明确了数据的主要角色,分别是数据主体(数据的拥有者)、数据负责人(负责收集数据)和数据处理者。该条例被称为"史上最严的隐私条例"④,它对互联网企业获取用户数据采取了更加严格的规定。所有进入欧盟的企业,无论其总部在欧盟境内或境外,都必须遵照该条例关于用户隐私保护的规定⑤。例如,根据条例规定,公司必须确保在默认状态下自己的产品和服务尽可能少地获取和处理个人信息。该条例旨在进一步增强用户对个人数据的控制权。这种控制权包括用户可以更轻易地获取、转

---

① 《2015 年十大国外互联网政策》,http://www.tisi.org/Article/lists/id/4375.html,2016 年 10 月 11 日。
② 《俄新法规定公民数据只能存于境内服务器》,http://news.ifeng.com/a/20150901/44566623_0.shtml,2016 年 10 月 13 日。
③ "Welcome to the U.S.-EU Safe Harbor",http://2016.export.gov/safeharbor/eu/,2016-10-6。
④ 《史上最严的隐私条例出台,2018 年开始执行》,http://blog.talkingdata.net/?p=4250,2016 年 10 月 18 日。
⑤ "Agreement on Commission's EU data protection reform will boost Digital Single Market",http://europa.eu/rapid/press-release_IP-15-6321_en.htm,2016-10-6。

移、消除个人数据,以及在数据泄漏时拥有知情权。同时,欧盟还更新了《数据保护指令》。最新的欧洲《数据保护指令》建立在七个原则上。第一,数据主体(数据的所有者)拥有企业或政府收集个人数据的知情权。第二,数据收集除了公开声明的用途,不能做它用。第三,未经数据主体同意,禁止将个人数据泄露或转交给第三方。第四,收集的个人数据必须安全存放,避免滥用、窃取或丢失。第五,收集个人数据一方必须向数据主体表明身份。第六,数据主体有权接触其个人数据并保有修改个人信息的权利。第七,数据收集的一方必须遵照上述原则,并对自己的行为负责。最新的指令对于适用人的范围也作了新的规定,凡是非法处理欧盟内部数据,无论处理数据的一方是否在欧盟境内,都适用于该指令①。

六、保护个人隐私

2015年6月2日,美国通过《美国自由法案》,代替《爱国者法案》。此前,斯诺登事件披露了美国政府秘密监听美国民众通话记录。《美国自由法案》就是针对美国政府电话监听等一系列政府监控项目的改革。该法案明确了政府对公民个人数据的使用权限,禁止政府大规模获取某一州、某一城市或某一地区的全部数据②。法案规定,电信公司负责记录和保存个人通话的通话数据,政府只有在得到法院授权的前提下,才能向电信公司申请获取该数据③。秘密获取数据必须证明该数据威胁到国家安全,或者国家安全局正在执行某项调查。国家安全局秘密获取数据的行为必须定期接受审查,以核实这一行动是否满足以上前提④。

---

① "EU Data Protection Directive (Directive 95/46/EC)", http://whatis.techtarget.com/definition/EU-Data-Protection-Directive-Directive-95-46-EC, 2008-1.
② "USA Freedom Act", https://judiciary.house.gov/issue/usa-freedom-act/, 2015-10-6.
③ Erin Kelly, "Senate approves USA Freedom Act", http://www.usatoday.com/story/news/politics/2015/06/02/patriot-act-usa-freedom-act-senate-vote/28345747/, 2016-10-2.
④ "USA Freedom Act", https://judiciary.house.gov/issue/usa-freedom-act/, 2015-10-6.

2015年11月4日,英国政府公布了《调查权法》草案。该草案赋予了英国法律和情报部门从电信运营商获取通信数据的权力,包括首次获取"网络连接的数据"①。该草案也是第一次以法律的形式明文赋予英国安全机构以大规模搜集个人通信数据的权力,英国各级政府、税务员和其他公务机关也将有权收集公民在网站与社交媒体上的活动信息②。该草案旨在保护英国网络信息安全,但也引发了外界对侵犯用户个人隐私的担忧。2016年10月13日,英国政府通过了对该草案的修改,新的草案突出个人隐私保护的重要性。

在数字化时代背景下,各国通过各种措施加强对国家网络安全的保护。首先,网络基础设施是互联网运行的基础,各国都十分注重保障网络基础设施的安全。其次,为了避免在国家网络安全上力量分散的局面,各国都设立专门的网络安全机构,对网络安全问题统一指导。再次,针对数据在全世界范围内流动带来的国家安全风险,各国都采取措施实施数据本地化战略,保证境内的用户数据存储在本地服务器上,而不是放任数据经由跨国企业存放在境外。最后,互联网让国际之间的联系更加紧密,任何一个国家都无法在国家网络安全领域独善其身,因此各个国家都主张加强国际间的合作与配合,共同应对网络安全问题,特别是网络恐怖主义。

第四节 全球网络治理新秩序

信息安全问题使得发展中国家要求对全球网络空间进行全球治理。一方面,互联网信息的全球流通要求一个相应的全球性流动空间,这个全球性的流动空间就是全球市场,国家干涉越少则流通越自由越迅速;另一方面,国家不得不对信息的全球性流动施加要求和主张,因为信息关乎一个国家

---

① "Investigatory Powers Bill amended to recognise privacy as 'a fundamental priority'", http://www.out-law.com/en/articles/2016/october/investigatory-powers-bill-amended-to-recognise-privacy-as-a-fundamental-priority/, 2016-10-3.

② 《安全 vs 隐私:英国〈调查权法〉草案引争议》, http://www.globalview.cn/html/global/info_7224.html, 2016年11月6日。

政府的安全、稳定、话语权和影响力。数据主权和信息主权则是这种要求的产物,是国家应对互联网时代声张的新型主权。这种新型主权的声张和全球信息市场之间的张力需要能协调资本、产品和通信的全球治理模式。

一、全球治理

全球治理,指的是通过具有约束力的国际规制解决全球性的冲突和问题,以维持正常的国际政治经济秩序[①]。全球治理的概念首先是由美国学者在1992年出版的专著《没有政府的治理》提出的[②]。但受到很多学者的质疑。从实践上而言,后"冷战"时代全球和区域治理机制已变得极其脆弱,具有代表性的机构,如联合国、欧盟与北约,都遭到了削弱。国际政府间机制没有明确的工作分工,经常功能重叠、指令冲突、目标模糊。相互竞争与重叠的组织机构在制定全球公共政策过程中存在利害关系。因为缺乏对全球层面问题的基本认知,全球公共事务,如全球变暖或者生物多样性的缺失,属于哪些国际机构的责任尚不明确,跨国问题很难被充分理解、领悟,也很难采取有效行动。制度分裂和竞争不仅导致机构间管辖权重叠,而且造成国际机构在全球与国家层面无力承担责任[③]。全球治理如果要在实践上行得通,必须很好地解决全球和国家之间的关系。目前,国际规则虽然是由全球组织制定的,但执行却要落实到各个国家政府。全球治理的实体没有执行其决定的能力,国家政府依然是当今世界上唯一具备这种能力的实体。

二、互联网时代的全球网络治理新秩序

早在20世纪70年代,不结盟运动国家曾经在数次国际会议上提出建立世界信息传播新秩序,后来该倡议被联合国教科文组织所采纳并欲在国

---

① 俞可平:《论全球化与国家主权》,《马克思主义与现实》2004年第1期,第10页。

② 詹姆斯·罗西瑙:《没有政府的治理》,江西人民出版社2001年版。

③ 戴维·赫尔德:《重构全球治理》,《南京大学学报》2011年第2期,第19—28页。

际舞台上对抗西方国家所主导的世界传播秩序。联合国教科文组织先后出台了《一个世界,多种声音》以及"麦克布雷德报告",倡导建立一种民主、公平、均衡、平等的信息交流和文化传播体系。可是这一行动机会最终破产并未得到实施,原因有很多。第一,世界信息传播新秩序最初由不结盟运动国家提出,后来受到苏联支持,成为社会主义阵营对抗资本主义阵营的桥头堡,但随着20世纪80年代末苏联的垮台和社会主义联盟的解体,这一行动也失去了强有力的后台。第二,该行动遭到了美国的抵制。美国政府以该行动妨碍信息和新闻自由为由,退出了联合国教科文组织,并不再出钱支持该组织[①]。第三,世界信息传播新秩序关注世界范围内信息传播的不均衡,却忽视了很多国家内部信息传播的不平等,这也成为很多发展中国家的缺陷。由此可见,苏联垮台和美国退出联合国教科文组织是世界信息传播新秩序流产的主要原因,全球新秩序的建立和全球治理的实现离不开国家政府。

那么互联网时代的全球治理呢?据统计,全球互联网业务中有90%在美国发起、终结或通过;互联网的全部网页中有81%是英语的,其他语种加起来不到20%;互联网中访问量最大的100个网站终点中,有94个在美国境内;全球互联网管理中所有的重大决定仍由美国主导作出;负责全球业务管理的13个根服务器,有10个在美国[②]。从现状看,全球网络空间治理的整体架构呈现显著的不对称相互依赖特征。

在互联网领域内的反霸权运动虽然没有20世纪六七十年代那么轰轰烈烈,但也得到了中国、俄罗斯等一批国家的响应。自从2003年召开的全球信息社会峰会突尼斯会议起,发展中国家就不断地要求分享网络国际空间治理的权力,具体表现为参与制定网络空间的治理规则,包括保护合法使用者、惩治犯罪,还要保护知识产权。

全球围绕互联网、信息流动和数据流动的协商活动也在日益加强。目前参与网络空间全球治理的主要行为体(非国家)及其性质、职责与

[①] 美国政府每年支持联合国教科文组织的资金占到该组织每年运行经费的三分之一。

[②] 胡正荣:《媒介市场与资本运营》,北京广播学院出版社2003年版,第67页。

功能如表1①。

表1 网络空间全球治理主要行为体

名 称	类 别	取 向	位 置	备 注
亚太经济合作组织（APEC）	区域性多变国际组织	制度与跨国合作	边缘	主要机制为亚太经合组织电信与信息工作组
东南亚国际组合（ASEAN）	区域性多边国际组织、军事联盟背景	制度与跨国合作	边缘	依据2009—2015年东盟共同体路线图，包括打击跨国网络犯罪等行动计划
欧洲理事会（EC）	区域性多边国际组织、政治联盟背景	制度与跨国合作，侧重打击网络犯罪方向	外围	强意识形态色彩的政治同盟；历史悠久；聚焦网络犯罪与反恐
欧洲联盟	区域性国际组织，主权国家构成的一体化组织	能力建设，制度与跨国合作，强调全面的网络安全能力	中心外围之间	欧盟主要执行欧洲委员会下设欧洲网络与信息安全局，专职负责网络安全问题；同时设有欧洲标准化委员会、欧洲电工标准化委员会、欧洲电信标准机构，共同推动网络和通信技术标准化工作
事件响应和安全团队论坛（FIRST）	主权国家背景的跨国技术工作论坛	能力建设，问题解决与制度建设	中心	技术取向，与标准化组织密切合作，采用"通用脆弱评分系统"，为信息系统的脆弱性进行标准化评定

---

① 参见 United States Government Accountability Office，"Cyberspace：United States Faces Challenges in Addressing Global Cybersecurity and Governance"，http://www.gao.gov/assets/310/308401.pdf，转引自沈逸：《网络空间全球治理现状与中国战略选择》，载惠志斌、唐涛：《中国网络空间安全发展报告》，社会科学文献出版社2015年版，第282—283页。笔者根据近年来的发展情况又做了补充和调整。

续　表

名　称	类　别	取　向	位　置	备　注
八国集团（G8）	多边政府间国际组织	能力建设，制度建设与跨国协调合作	中心	下设高科技犯罪小组，以及全天候的高科技犯罪联络网络
二十国集团（G20）	多边政府间国际组织	能力建设，制度建设与跨国协调合作	中心	提出网络空间合作、发展数字经济的倡议
电机及电子学工程师联合会（IEEE）	专业技术人员构成的国际组织	技术标准建设	中心	主要起作用的是下设的标准委员会，共同起草并发布作为国际标准的技术方案
国际电工委员会（IEC）	政府间国际组织，由各国的国家或私营业界的委员会构成	技术标准建设	核心	与国际标准化组织的联合技术委员会，共同起草并发布作为国际标准的技术方案
国际标准化组织（ISO）	国际非政府组织	技术标准建设	核心	与国际电工委员会协作发布网络安全技术标准
国际电信联盟（ITU）	联合国下属的政府间国际组织	能力建设，国际发展与跨国协调	中心与外围之间	分为三个部门，包括电信标准化部门（ITU-T）、无线电通信部门（ITU-S）、电信发展部门（ITU-D）
互联网名称与数字地址分配机构（ICANN）	非营利性的国际组织	协调管理	核心之核心	接管包括管理域名和IP地址的分配等与互联网相关的任务
互联网工程任务组（IETF）	基于资源的松散跨国网络	核心技术研发、技术标准研究	核心之核心	1986年由美国政府组建，主要通过电子邮件开展工作，主要在互联网工程指导小组监督下开展工作

续 表

名 称	类 别	取 向	位 置	备 注
互联网治理论坛(IGF)	跨国论坛	观念与信息交流	中心	根据2005年信息社会世界峰会（突尼斯进程）授权联合国秘书长创立，主要讨论网络治理相关政策问题的基于多利益相关方模式的论坛；议程设置松散；并不直接形成技术标准或者有约束力的文件，但会上讨论的观念和信息会对其他国际组织产生重要影响
国际刑警组织(INTERPOL)	政府间合作组织	聚焦打击计算机、网络犯罪	中心	全球打击网络犯罪的最重要的合作网络，构成网络治理的重要组成部分
Meridian进程	政府间合作机制	聚焦关键基础设施保障的政府间合作机制，并正试图将合作范围扩展到工业控制系统	中心	2005年在英国举办，之后在匈牙利等多国和地区举行，是全球主要的政府间网络关键基础设施保障问题对话机制。美国国土安全部、白宫等在其中发挥重要的作用
北大西洋公约组织(NATO)	军事同盟、政治同盟	聚焦美国及其核心军事盟友的网络安全，网络战	中心	《塔林文件》，以及设置在爱沙尼亚的北约卓越中心聚焦网络战行为规范和网络战具体实践案例研究

续 表

名　称	类　别	取　向	位　置	备　注
美洲国家组织（OAS）	政治同盟	聚焦反恐、网络安全标准以及打击网络犯罪	中心—外围	2004年通过美洲国家全面网络安全战略，以美洲国家反恐委员会应对来自网络的恐怖威胁；以美洲国家电信委员会检讨并统一美洲国家的网络安全标准；美洲国家司法部长会议下的网络犯罪政府专家组来应对网络犯罪问题
经济合作与发展组织（OECD）	基于意识形态的政府间国际组织，政治联盟	内部成员的网络安全与隐私政策协调	中心与外围之间	基于共识的决策机制
世界互联网大会	由中国倡导的	探讨、协调互联网全球治理	中心	2014年由中国倡导并举办，是世界互联网领域的高峰会议

三、安全、共享和平等：全球网络治理的理想图景

全球网络治理新秩序是指在互联网技术为主导的信息环境中，国家政府、无政府组织、媒体、个人共同参与构建的新格局和新关系。这样格局和关系应该具备以下特征：

第一，安全。有关个人隐私的数据和信息要受到法律保护；有关国家安全与战略的数据和信息要尽可能地受到保护；商业信息的流动要依靠保护知识产权的有效规则。一个国家的国土，不应该成为煽动他国动乱、扰乱他国内部秩序、危及他国国家安全和侵犯他国公民权利的国的国土的信息源。

第二，共享。互联网技术的发展使得信息、观念的分享成为可能。全球网络治理新秩序应该使得巨大的信息交换和共享成为可能。这种共享应该超越国家间的有形疆界。

第三，平等。不同的行为体都能够平等地参与全球网络治理，参与全球规则的制定，分享全球网络空间带来的利益。

要达成这样的全球网络治理新秩序，首先需要有新的理论准备。20世纪六七十年代所提出的世界传播新秩序是以媒介帝国主义为理论依据的，该理论本身就有缺陷。第一，该理论对媒介帝国主义给第三世界国家带来的文化后果的分析不够，缺乏足够的证据证明第三世界国家是完全受到发达国家媒体主导的；第二，该理论对第三世界国家内部的信息不平等缺乏批判，使得论战到了后来理论自身站不住脚。在互联网时代的世界传播新秩序呼唤新的理论，这种理论是能够观照当前的新技术时代，而且能够为全球网络治理新秩序提供一整套的逻辑、思路和理想图景。

首先，新的理论能够关注国际信息流动的平等公平，又能够兼顾数据和信息的共享和自由。只有理论和国际组织相结合，两者之间才能够形成良好的互动。

其次，注重政府和企业的关系。从技术创新到资本驱动，再到政府推动，美国政府和众多高科技公司之间形成了强有力的联盟和良性循环。2010年，奥巴马在工业界和学术界聘请了71位专家，成立了"云"委会，帮助联邦政府普及"云"知识、制定"云"政策、推动"云"部署。美国中央情报局付给亚马逊公司6亿美金使用其云服务，用于管理、控制和监视①。至今已有185个联邦政府部门通过亚马逊云服务来运作他们的部分职能②。美国政府每年花费800亿美元把25%的信息业务转移到"云"上③。若要对抗美国在大数据时代的主导地位，其他国家也必须在政府和企业之间形成良好的互动关系。

再次，注重民主和商业利益的平衡。国际传播著名学者诺顿斯滕认为，新秩序的实质是"信息领域国际关系体系的民主化"。民主化既包括传播结

---

① Charles Babcock, "Amazon Again Beats IBM For CIA Cloud Contract", http://www.informationweek.com/cloud/infrastructure-as-a-service/amazon-again-beats-ibm-for-cia-cloud-contract/d/d-id/1112211?, 2013-11-08.

② 同上。

③ John Foley, "10 Developments Show Government Cloud Maturing", http://www.informationweek.com/cloud/10-developments-show-government-cloud-maturing/d/d-id/1105003?, 2012-06-22.

构,也包括传播内容,是指改革传播体系的整体运作原则。但是根据以往的教训,任何试图从法律或行政层面治理国际传播的行为都会触及西方商业利益,并遭到激烈的抵制①。丹·席勒批评美国遵循着"信息流动自由"的法则,表面上高举人权的旗帜,实则只为迫使他国解除管制,让美国商业媒体和高科技公司的产品长驱直入,侵占更多的民族文化空间罢了②。但缺少商业公司的新秩序又是不可想象的,当今世界的新技术产品和信息产品都是由这些商业巨头公司所提供的,商业公司也为信息权利的落实提供了物质手段。新秩序的建立要注重民主和商业利益的平衡,找到全球网络空间民主化和追求商业利益之间的平衡点。否则,构建新秩序的努力依旧是画饼充饥。

建立全球网络新秩序的目的是为了让媒介新技术为人们提供更高质量的服务,让更多的人从媒介新技术中获益。对构建全球传播新秩序的呼唤,必须与一个新的、公正的世界联系在一起。全球信息系统的供给不应该由少数人和少数国家所宰制。新秩序也应该为缩小政治、经济、社会和文化方面的差距作出贡献。大数据时代的全球数据和信息治理应该超越霍布斯状态,达到洛克状态和康德状态。这种新的治理模式在理念上应该追求数据信息流动的安全、平等和共享,在合法性上应该破除美国既是运动员又是裁判员的局面,在治理结构上应该形成国家政府与非政府组织、公民运动、跨国公司,以及全球资本市场良性的互动。这样的全球治理模式才真正有利于全人类的福祉。

本章小结

1. 数据主权指一个国家对其政权管辖地域范围内个人、企业和相关组织所产生的数据拥有的最高权力。数据主权是一种权力,但实施这种权力则需要能力。这种权力和能力体现在国家安全和国家竞争力上。
2. 互联网开放性使整个信息网络更加脆弱,信息安全攻击源和安全防范

---

① 卡拉·诺顿斯登:《世界信息与传播新秩序:浴火重生的主张》,《中国记者》2011年第8期,第35—37页。

② 丹·席勒:《互联网时代,国际信息新秩序何以建立?》,《中国记者》2011年第8期,第39—41页。

对象具有多元性和广谱化的特点;互联网虚拟性的特征使得攻击的对象的身份很难被识别、确认和追查;互联网信息技术的广泛渗透性使互联网攻击的成本更加低廉、门槛更低,而与此同时建设和保障信息安全的成本则更加昂贵,攻击和防范存在"完全不对称性"的状态;互联网高智能性使得信息安全的手段需要多元化科技手段去应对;互联网互联互通的特性使公用网络和私人网络、军用和民用网络、各个国家之间的网络连为一体,全球信息安全体系构成了一个史无前例的实时连接的系统。

3. 各国对网络空间安全的维护表现在维护网络安全成为国家战略、设置高级别的协调中心、打击网络犯罪和网络恐怖主义、积极参与国际合作、重视数据主权和保护个人隐私。

4. 全球网络治理新秩序是指在互联网技术为主导的信息环境中,国家政府、无政府组织、媒体、个人共同参与构建的新格局和新关系,具有安全、共享和平等的特征。要达成这样的全球网络治理新秩序,需要有新的理论准备,注重政府和企业的关系,以及民主与商业利益的平衡。

参考文献

一、中文期刊

[1] 戴维·赫尔德:《重构全球治理》,《南京大学学报》2011 年第 2 期,第 19—28 页

[2] 卡拉·诺顿斯登:《世界信息与传播新秩序:浴火重生的主张》,《中国记者》2011 年第 8 期,第 35—37 页

[3] 韦路、谢点:《全球数字鸿沟变迁及其影响因素研究——基于 1990—2010 世界宏观数据的实证分析》,《新闻与传播研究》2015 年第 9 期,第 36—54 页

[4] 俞可平:《论全球化与国家主权》,《马克思主义与现实》2004 年第 1 期,第 4—21 页

[5] 袁卿、弗瑞德·欧波洛特:《非洲需要更强有力地在国际舆论场上发声——对话乌干达新闻媒体管理局局长弗瑞德·欧波洛特》,《中国记者》2011 年第 8 期,第 47—48 页

[6] 韦路、谢点:《全球数字鸿沟变迁及其影响因素研究——基于 1990—2010 世界宏观数据的实证分析》,《新闻与传播研究》2015 年第 9 期,第 36—54 页

[7] 薛伟贤、刘骏:《数字鸿沟的本质解析》,《情报理论与实践》2010 年第 12 期,第 41—46 页

[8] 陈秀华:《阿拉伯地区社会责任广告研究探讨——以 2015 迪拜创意节获奖作品为对象》,《今传媒》2015 年第 12 期,第 92 页

[9] 柯林·斯帕克斯:《不断进行有价值的探索与努力——国际传播与信息新秩序漫谈》,《中国记者》2011 年第 8 期,第 42—45 页

［10］ 刘念：《星巴克中国的社会化媒体营销之路》，《品牌》2015年第9期，第22页

二、中文著作

［1］ 阿里研究院：《新经济的崛起》，机械工业出版社2016年版
［2］ 程光泉主编：《全球化理论谱系》，湖南人民出版社2002版
［3］ 丹尼尔·贝尔：《后工业时代的来临》，科学普及出版社1985年版
［4］ 宫承波：《新媒体概论》（第三版），中国广播电视出版社2011年版
［5］ 胡正荣：《媒介市场与资本运营》，北京广播学院出版社2003年版
［6］ 惠志斌、唐涛：《中国网络空间安全发展报告》，社会科学文献出版社2015年版
［7］ 凯文·凯利：《失控：机器、社会系统与经济世界的新生物学》，新星出版社2010年版
［8］ 雷跃捷、辛欣：《网络传播概论》，中国传媒大学出版社2010年版
［9］ 李智：《全球传播学引论》，新华出版社2010年版
［10］ 马克·尤里、波拉特：《信息经济》，中国展望出版社1977年版
［11］ 马为公、罗青：《新媒体传播》，中国传媒大学出版社2011年版
［12］ 任孟山：《国际传播与国家主权：传播全球化研究》，上海交通大学出版社2011年
［13］ 涂子沛：《数据之巅：大数据革命，历史、现实与未来》，中信出版社2014年版
［14］ 詹姆斯·罗西瑙：《没有政府的治理》，江西人民出版社2001年版
［15］ 郑英隆：《信息产业的全球一体化发展研究》，经济科学出版社2006年版
［16］ 中国电子信息产业发展研究院：《2014—2015年世界信息化发展蓝皮书》，人民出版社2015年版
［17］ ［加拿大］马歇尔·麦克卢汉：《理解媒介》，何道宽译，译林出版社，2011年版
［18］ ［加拿大］文森特·莫斯科：《数字化崇拜：迷思、权力与赛博空间》，黄典林译，北京大学出版社2010年版

[19] [美]阿尔温·托夫勒:《第三次浪潮》,朱志炎等译,生活·读书·新知三联书店 1983 年版

[20] [美]格雷厄姆、[美]达顿:《另一个地球:互联网+社会》,胡泳译,电子工业出版社 2015 年版

[21] [美]杰里米·里夫金:《第三次工业革命》,张体伟、孙豫宁译,中信出版社 2012 年版

[22] [美]杰里米·里夫金:《零边际成本社会》,赛迪研究院专家组译,中信出版社 2014 年版

[23] [美]肯尼思·华尔兹:《国际政治理论》,信强译,上海人民出版社 2008 年版

[24] [美]罗伯特·基欧汉、约瑟夫·奈:《权力与相互依赖》,门洪华译,北京大学出版社 2012 年版

[25] [美]马克·格雷厄姆、威廉·H·达顿:《另一个地球:互联网+社会》,胡泳等译,电子工业出版社 2015 年版

[26] [美]曼纽尔·卡斯特尔等:《移动通信与社会变迁:全球视角下的传播变革》,傅玉辉等译,清华大学出版社 2014 年版

[27] [美]门罗·E·普莱斯:《媒介与主权》,麻争旗等译,中国传媒大学出版社 2008 年版

[28] [美]斯蒂夫·琼斯:《新媒体百科全书》,熊澄宇、范红译,清华大学出版社 2007 年版

[29] [美]托马斯·L·麦克费尔:《全球传播:理论、利益相关者和趋势》,张丽萍译,中国传媒大学出版社 2016 年版

[30] [美]沃纳·赛佛林、小詹姆斯·坦卡德:《传播理论:起源、方法与应用》,华夏出版社 2000 年版

[31] [美]亚历山大·温特:《国际政治的社会理论》,秦亚青译,上海人民出版社 2008 年版

[32] [美]叶海亚·R·伽摩利珀编著:《全球传播》,尹宏毅主译,清华大学出版社 2008 年版

[33] [西]曼纽尔·卡斯特、马汀·殷斯:《对话卡斯特》,徐培喜译,社会科学文献出版社 2015 年版

[34] [西]曼纽尔·卡斯特:《网络社会的崛起》,夏铸九、王志弘等译,社会科学文献出版社2003年版

[35] [英]戴维·赫尔德、[英]安东尼·麦克格鲁:《全球化理论:研究路径与理论论争》,社会科学文献出版社2009年版

三、英文书籍

[1] Cox R., *Environmental Communication and Public Sphere. 2nd Edition*, Los Angeles: Sage, 2010

[2] Bart Cammaerts, *The International Encyclopedia of Digital Communication and Society*, Oxford, UK: Wiley-Blackwell, 2015

[3] Castells, M., *The Internet galaxy: Reflections on the Internet, business, and society*, Oxford University Press, 2002

[4] Castells, M., *Networks of outrage and hope: Social movements in the Internet age*, John Wiley & Sons, 2015

[5] David Held & Anthony McGrew, *The Global Transformations Reader: An Introduction to the Globalization Debate. Second Edition*, Cambridge: Polity, 2000

[6] Giddens, A., *Modernity and Self-Identity*. Oxford: Polity, 1991

[7] Held, D., McGrew, A., Goldblatt, D. & Perraton, J., *Global Transformations: Politics, Economics and Culture*. Cambridge: Polity, 1999

[8] Harold Nicolson, *Diplomacy*, Georgetown University Press, 1988

[9] Hirst, P. & G. Thompson, *Globalization in Question*. Cambridge: Polity, 1999

[10] Howard H. Frederick, *Global Communication and International Relations*, Wadsworth Publishing Company, 1993

[11] Ithiel de Sola Pool, *Technologies of Freedom: On Free Speech in an Electronic Age*, Cambridge, MA: Belknap Press, 1983

[12] Ohmae, K., *The End of the Nation-State: The Rise of Regional

Economies, London: Harper Collins, 1995

[13] Oliver Boyd-Barrett, *The International News Agencies*, Beverly Hills: Sage, 1980

[14] Thomas L. Friedman, *The world is flat: The Globalized World in the Twenty-first Century*, London Penguin, 2006.

[15] Thomas, Timothy, L., *Al Qaeda and the Internet: The Danger of "Cyberplanning" Parameters*, Spring, 2003

四、英文期刊

[1] Dominic Rushe, "GOOGLE: US Government Requesting Even More Private Data Without Warrants", *The Guardian*, Jan. 24, 2013

[2] "Facebook and the New Colonialism", *Atlantic Monthly*, Feb. 11, 2016

[3] Fjeldsoe BS, Marshall AL, & Miller YD, "Behavior change interventions delivered by mobile telephone short-message service", *American Journal of Preventive Medicine*, Feb 2009

[4] Hillary R. Clinton, "Remarks on Internet Freedom", *The Newseum*, Jan 21, 2010

[5] Jan H. Kietzmann, et al, "Social media? Get serious! Understanding the functional building blocks of social Media", *Business Horizons*, 2011

[6] Juris, J. S., "The new digital media and activist networking within anti — corporate globalization movements", *Annals of the American Academy of Political & Social Science*, 2005, 597(1)

[7] Krieger, T., & Meierrieks, D., "What causes terrorism?", *Public Choice*, 1900, 147(147)

[8] Larry Samovar & Richard Porter, "Communication between Cultures", *Cengage Learning*, Feb. 2012

[9] Myron Lusting & Jolene Koester, "Intercultural Competence",

Allyn & Bacon, 2009

[10] P. K. Kannan, & Hongshuang Li, "Digital Marketing: A Framework, Review and Research Agenda", *International Journal of Research in Marketing*, 2017, 34

[11] Rogers, E. M., "The Field of Health Communication Today", *American Behavioral Scientist*, 1994, 38(2)

[12] Rogers, Everett M., "The Field of Health Communication Today: An Up-to-Date Report", *Journal of Health Communication*, 1996, 1

图书在版编目(CIP)数据

互联网与全球传播:理论与案例/沈国麟等著. —上海:复旦大学出版社,2018.12
网络与新媒体传播核心教材系列/尹明华,刘海贵主编
ISBN 978-7-309-14106-1

Ⅰ.①互… Ⅱ.①沈… Ⅲ.①互联网络-影响-传播媒介-教材 Ⅳ.①G206.2

中国版本图书馆 CIP 数据核字(2018)第 289015 号

互联网与全球传播:理论与案例
沈国麟　等著
责任编辑/朱安奇

复旦大学出版社有限公司出版发行
上海市国权路 579 号　邮编:200433
网址:fupnet@ FudanPress.com　http://www.FudanPress.com
门市零售:86-21-65642857　团体订购:86-21-65118853
外埠邮购:86-21-65109143　出版部电话:86-21-65642845
上海春秋印刷厂

开本 700×960　1/16　印张 12　字数 175 千
2018 年 12 月第 1 版第 1 次印刷

ISBN 978-7-309-14106-1/G·1937
定价:36.00 元

如有印装质量问题,请向复旦大学出版社有限公司出版部调换。
版权所有　侵权必究